卵より、鶏が先

養鶏に新時代が来た

重田三喜人

養鶏に新時代が来た――目次

第三部　輸入国日本の救世主　飼料用米制度の推進

日本鶏、国産鶏の解説

（広島大学大学院生物圏科学研究科教授）

都築政《まさ》起《おき》

平成二十八年、農林水産省公式ホームページ。鶏卵の自給率95％、鶏肉の自給率67％（平成二十六年度分）とある。

しかし、実は、ここに掲載されている「自給率」は真の自給率ではない。

何故なら、この数字を生み出しているトリの元となるトリはほぼ全て輸入に依っているためである。分かり易く言うと、農林水産省の考え方では、親鶏が「外国生まれの鶏」であっても、日本で生まれたその子鶏は全て自国産ということになるのである。現在の日本では、親鶏（祖父母鶏の場合もある）をほぼ全て輸入に頼り、日本で生まれた商業用の卵肉を生産する子鶏（孫鶏の場合もある）を自国産としているので、結果、自給率が高くなるという仕組みである。

であるから、もしその親鶏等の輸入が何らかの理由でストップするという事態にでもなれば、冒頭の自給率の高い値は消滅することになる。

つまり、言い方を変えれば、現代の日本の養鶏産業界は、外国資本に基づく卵用鶏・肉用鶏によって席巻されていると言える。この状況は1960年代以降に起こって来たのであるが、実質上輸入に頼りきっているというのが現代の実情である。

しかし、その現代においても、国産鶏を用いて、外国からの輸入によらず、鶏卵・鶏肉の生産を行って、少しでも真の自給率の向上に貢献しようとしている人々が存在する。本書は、そういう人々（事業）に焦点を当てたものである。

現在、国産鶏を用いた事業展開を大規模に行っている企業は、筆者の知る限り、株式会社・後藤孵卵場ただ一社のみである。また、実質上国の施設として、独立行政法人家畜改良センター岡崎牧場と同兵庫牧場がそれぞれ国産卵用鶏および国産肉用鶏に関する事業を展開している。

本書の第一部第一章では、株式会社後藤孵卵場の創業者から第三代社長に至るまでの事跡の一部が紹介されており、第二章では、岡崎牧場および兵庫牧場における取り組みの一部が紹介されている。

第二部では、国産鶏作出の素材となり得る「日本鶏」の紹介がなされている。「日本鶏」とは、日本列島で作出された、すなわち、日本を原産国とするニワトリ品種の総称である。

ところで、これまでに、「日本鶏」ではなく、「国産鶏」という言葉を何度か用いている。また、後の本文中にもこの言葉が度々出てくる。ここで、「国産鶏」とは何かということに触れておかねばなるまい。「国産鶏って何？」ということは、時々質問をされるところでもある。「国産鶏」という言葉は学問用語ではなく、産業用語である。よって、学問界にいる筆者がどうこういう筋のものではないかもしれないが、解説を試みてみようと思う。先に述べた後藤孵卵場も岡崎牧場および兵庫牧場も、主に取り扱っているのは、海外企業が取り扱っているものと同じく、レグホーンとかプリマスロックとかロードアイランドレッドなどの品種である。これらは「日本鶏」ではなく、その品種名からも分かるように外国原産の品種である。では何故、先に述べたように、これらの会社や牧場が国産鶏の生産を行っているという表現を用いるのであろうか。要は、品種が外国原産であろうがなかろうが、その品種（ニワトリ集団）を商業的に扱う場合に、パテント・ライセンス等の根本的権利を誰がもっているかということである。先にも少し触れたように、現在のような、我が国の鶏卵・鶏肉産業が事実上外国企業に席巻されている状況は１９６０年代以降に現出して来たのであるが、後藤孵卵場も家畜改良センターも、この状況が起こる以前（明治、大正、昭和初期等）から我が国に持ち込まれ存在していた外国原産品種に基づいて事業展開を行っているため、外国企業の権利が及ばないのである。つまり、用いている品種が元を辿れば外国原産品種であっても、外国の権利が及んでいないという意味において、「国産鶏」と呼ばれる次第である。

ちなみに、純粋な日本原産である「日本鶏」については、本論第二部で私が執筆しているのでご覧戴きたい。

ところで、卵にしろ肉にしろ、それらを生産するニワトリを飼育するためには、まず飼料が必要であり、鶏卵・鶏肉の自給率を論じる前に、本来は飼料自給率の問題がある。現在のニワトリ飼料は、小麦やトウモロコシ等、主に輸入されたものを用いているが、第三部では、日本国内で生産された飼料米の利用実態について述べられている。

第四部では、国産鶏業界に限らず、世界の養鶏業界における将来展望ならびにニワトリ育種を行うための新技術について述べられている。

尚、最後に次のことを付記したい。本書の作成は、「国産鶏開発にまつわる過去および現状を是非成書にまとめ、世に出したい」という、重田三喜人氏の強く熱い意志の下に始まっている。また、本書の執筆者は複数いるが、それぞれの個性を生かすという考えに基づき、一冊の書物ではあるものの、全編を通しての文体等の統一はなされていない。しかし、それぞれの執筆者が熱意をもって追究している分野について記しているので、興味を持って楽しんで読んで戴ければ幸いである。

平成二十八年八月

都築　政起

第一部

国産鶏が立つ

もみじ、さくらを創った勇士たち

重田　三喜人

卵が先か鶏が先かの問い掛けに明確な答を出されたのは、国産鶏育種会社㈱後藤孵卵場（本社各務原市）の後藤静一創業者だった。ゴトウヒヨコ創業の理念、目標は「鶏種」の改良と「雑種強勢（ヘテローシス）」利用で、別の表現では一代交配種の作出、確立である。

江戸幕府創業時、保科《ほしな》正之（会津藩主）という〝小心〟にして〝大胆〟、綿密な計算のもと画期的行動力を発揮した名君がいた。住民のための施策は最優先に打ち出し、悪しき先例は踏襲せず、徳川家二百六十年余りの礎を築いたが、農業養鶏の繁栄と継続を願い、鶏育種の世界で獅子奮斗した静一こそ、保科正之と軌を同じにした人物といえる。

「国産鶏改良普及三代記」は、後藤家静一、静彦、悦男三代に亘る歴史、苦闘、成果の叙事詩で、〝三番ばんとう〟悦男が2011年暮、自費（非売品）で出版した。加えて国産鶏種の財産「もみじ、さくら」作出に携わった群像物語でもある。養鶏関係者にとっては座右銘《ざゆうめい》となる豊富な判断材料、的確な指針、教訓溢れる内容だが、一般の鶏、卵に関心のある人にも伝えられたらの〝おもい付き〟でこの書はスタートした。

会長当時の静一に一度お眼にかかり、数時間のインタビューだったが、的確、気迫、ぬくもりの応答が記憶の底にある。

なぜか、地元で名の通った料亭に夫人を呼び寄せられ、共にうな重を囲んだときのオフタイムに、今を生きることこそに全身を費やし、後世の評価、名声にこの人はまったく無関心なんだと感じた。

フードマイレージ（食の信頼は〈輸送〉距離に反比例する）、自給率を高め、身の丈に合った生活、偽りの少ない生き方を知識として求める人が増えてきているが、〝理解は誤解〟のレトリックに陥ってはいないか。生兵法《なまびょうほう》は大ケガのもと。三代に亘る険しく、凛とした取組の実態は養鶏世界の話だけでなく、現代の浮わついた空気、生き方に強く警鐘を鳴らしている。

第二次世界大戦（大東亜戦争）の数年後、飢餓感から開放されつつあった日本人の食生活は、満腹感一辺倒から味わう、質を求める傾向に移り、鶏卵生産の分野でも昔日をとり戻し始めていた。

岐阜県内（種鶏）フ化場のヒナ販売羽数はトップに丸岐㈱、次いでエンヤ、三位争いは中村とゴトウが拮抗、隣県の養鶏王国愛知を追随する勢いで、丈夫でよく産む鶏種及びヒナ生産に鎬《しのぎ》を削っていた。

当時、フ化場は、育雛《すう》期（1週齢～5週齢）の管理技術の未熟に加え、ループ（ウイルス性疾患の合併症）予防のワクチンが開発されておらず、「育てられず、育たない」と、夏・冬は休眠で年二回、春・秋フ化が原則だったが、後藤静一はよいと判れば即断行の人らしく、フ化場経営を一新する「年中フ化」に踏み切った。

㈳日本生物科学研究所（現日生研㈱本社東京・青梅市）の鶏痘予防液が「鶏痘ワクチン」として昭和二十七年四月十日承認され、名古屋市の養鶏専門誌出版社で、担当者による研究経緯、結果の説明会があったが、駈けつけたのは後藤孵卵場社長静一と幹部横山利郎の二人だけだった。

同社は早速生産者に往復ハガキでこのワクチンのテスト参加への希望アンケートを送り、結果は投与鶏3万8千羽に対し、鶏痘発生率1・8％という、それまでに考えられなかった成果が得られた。

その後、フ卵業界の稼動状況は一変して通年フ化が普通となり、先鞭を切ったゴトウのヒナは良質、量産、プライスダウンと普及に拍車がかかり、日本一フ化場の基礎が築かれた。鶏病対策は養鶏経営の根本に関わる険しい壁として今日に至っているが、鶏痘ワクチン使用をきっかけに静一は、「これは当社だけの問題ではなく、産業こぞって解決に取組む必要がある」として他社にも呼びかけ、研究など積極的に意見交換した。同社独自では初期育スウ期の大敵、細菌性疾患「ヒナ白痢」撲滅などに一段の研究、努力を技術陣と共に当たり、現在の克服に至っている。

養鶏界各部門の同《おな》い干支《えと》生れの有志、リーダーの集り「いね牛（※1）」の盟友斉藤虎松（愛鶏園初代社長＝本社横浜市）とニューカッスル病（法定伝染病）生ワクチンの導入をめぐって農林省会議で大激論（昭和四十年頃）を展開したことがある。虎松の賛成「ウイルス常在化に対処するには使用が必要」の説明に、反対の先頭に立つ静一は「国中汚染化される危険から守るには認められない」と一歩も譲らなかったが、使用に踏み切るの結論後は二人の友情に変りはなかった。

話は前後するが、昭和三十六年一月「私が会長だった神奈川県養鶏連の共同孵卵場が火災で全焼した際、後藤さんは新設の後藤孵卵場の一部を提供、同連の種卵と職員を引き受け、（おかげで）傘下養鶏家に不自由させず、御子息の靜彦氏を通じて無償指導、その上後藤さんは〝災難の時はお互い様〟と費用を一切受けつけず、せめてもとようやく七宝の花瓶を受けて下すった（採卵随想第七集）」の事件があった。

さらに前後するが、ほのぼのとした友情の一端が記された一文がある。「あの頑健そのものだった後藤さんの病床にお見舞いしたとき、せめて病中のやすらぎになればと介添えの奥さん（トキヱ）と一緒に、流行歌手第一号松井須磨子のゴンドラの唄、アラビアの唄を歌った。お土産の燻製美濃かしわはとても美味でした（採卵随想第六集）」。

トキヱ夫人は接する人への細心の心遣い、暖かさ、天性の明るい人柄に溢れていて一編の物語に綴れる。しかも料理上手で、ときにフランス国歌ラ・マルセーユを原語、玄人はだしに歌いこなす特技があった。

「家族四人で帰国（当時米多国籍企業勤務）した折、私のリクエストに応えツヤのある、若々しさを帯びた歌声を聞かせて下さった。亡くなる三ヵ月前のことでした（四男和夫追悼『両親の思い出』）」。

トキヱ夫人逝去百ヵ日後靜一も世を去り、養鶏産業に計り知れない功績を残した二人の足跡は消えたが、

「一粒の麦　地に落ちて死なずは　唯一にて在らん。もし死なずば　多くの実を結ぶべし」（昭和六十二年二月十五日、後藤静一密葬の折、一孫の悼辞）と、遺志を継ぐ芽は絶えていない。時の流れが人を求め、リーダーが生れ、勇士のもとに志ある群が集う。

地球、宇宙の危機、侵食は日常気付きにくいが、しかしゆっくりと迫ってきている。国産鶏の動向、三代記のみちしるべを辿ることでハダに感じられることがあれば、救いの一つになり得ようか（文中敬称略）。

※1　寝ね、イは睡眠、ネは横になるの意味（岩波古語辞典）

一章　国産鶏改良普及三代記

国産鶏改良を語るとき後藤孵卵場の存在は欠かせない。三代目悦男が纏めた文章を一章解説のリードとした

後藤悦男

はじめに

平成二十三年、株式会社後藤孵卵場は、社内スローガン「純国産鶏を誇りに我が手で守ろう日本の農業！」を掲げ、第四代目・日比野義人社長を中心にゴトウグループ一丸となり、創業精神の純国産鶏『もみじ』『さくら』の改良普及に取り組み、安全・安心・安定の日本養鶏、日本農業の発展を誓った。

創業者後藤静一が岐阜の地で養鶏を始めたのは昭和二年。同十四年、種鶏改良に熱心な同志と共に白色レグホーン（WL）と横斑プリマスロック（BPR）の品種改良を開始した。同十七年、後藤孵卵場を創業、戦中戦後の極度の飼料難、戦中の空爆下原種鶏を守りそして

改良を続け、遂に交配種ロックホーンを作出し全国で広く飼育された。また、甘藷利用の自給飼料養鶏、飼養管理、防疫衛生管理の技術開発普及に尽力し、全国養鶏家の繁栄に大きくお役に立ち、戦後日本養鶏の振興に多大の貢献をした。

創業者が無一文の経営から出発し、今日に至る迄多くの業績を残すことが出来たのは無我献身の働きで精進努力して頂いたゴトウグループの全社員、従業員、種鶏家の皆様のお陰であり、ゴトウを信頼しご指導、ご協力賜った全国のお得意、取引先皆様の支援があったればこそです。

加えて創業者の人生の出発から二代目、三代目、四代目社長までの素晴らしいご縁を頂きここに謹んで感謝報恩の誠を捧げ御礼申し上げる次第。

本書の内容は一番番頭後藤静一、二番番頭後藤静彦、三番番頭後藤悦男がそれぞれ執筆した当社機関誌及びインターネット・ホームページの『繁栄する養鶏』の巻頭文『バントウの言葉』が軸となっている。

平成二十四年、ゴトウは創業七十年の佳節を迎える。本書出版に当たり、父、母、兄、妻に感謝し、生涯教導賜った恩師坪内庄次博士、神谷俊雄教授、浦上武次郎先生、酒井寛一博士、ノースコック博士に、そして最も永く研究開発業務を共にした長谷部誠、垣内慎一郎、望月完二、森島佑二各氏の格別の尽力に深く感謝し、また出版のお世話をして下さった後藤直樹博士、島田晴代氏ほか関係各位に厚く御礼申し上げます。

平成二十三年十二月

株式会社後藤孵卵場　本社工場（岐阜市西野町当時）

株式会社後藤孵卵場　姫研究所

静一編

一．農業養鶏の生きる道

▼鶏種、自家配、制限給餌▲

編著　重田　三喜人

「ブラジルのゴトウ南米事業場から帰国以来、中島正さん（岐阜県金山町、ゴトウ鶏自然卵生産者）の提言、農業養鶏復活のテーマに取組んでいる」。40年近く前、後藤静一（後藤孵卵場会長）は専門紙記者の質問に前置きして答え、テーマの基本を鶏種、自家配、制限給餌として言葉を継いでいる。

「研究、実験を進める中で交配種ゴトウ360（現さくら）、ゴトウ121（同もみじ）のどちらが自家配飼料との組合せで経済性、それに卵質の面で優れた効果が得られるか、このほか自家配の内容、細かい項目を追求していきたい」と述べている。

バントウの言葉

飼料は鶏種、気候、産卵状態、肉付きと鶏の様子を常に観て内容を判断すべきだ。飼育者の都合、合理化だからで作るエサを与えてもよい結果は得られない。不思議でも何でもない。毎日創意工夫の繰り返しです。怠れば、恐縮ながら落伍者になるほか仕方なし。羽数だけを追うのでなく、安いだけを求めても不可。

制限給餌――常にエサ箱は空、は飼料費の無駄を省き、鶏の健康を増進するとバントウの言葉は続いている。中島正実践の制限発酵飼料の原点は、ゴトウ鶏の種鶏家として20年来取組んできたブロイラ種鶏飼育のノウハウにあった。ゴトウ鶏改良普及に携った種鶏家群像の中で抜群のセンスを発揮した吉田国雄、錠吉兄弟直伝の教示によって「エサを無駄なく肉にするコツは常に腹を減らせてたべさせることだ。ブロイラー種鶏は産卵性を高めて栄養を補給、かつふとらせてはいけない」とし、発酵（菌体）飼料、緑餌は自家配飼料給与によって完成する。その上に「内容のあるエサづくりは環境を整備する必要から、養鶏場の周りを草いっぱいにするスペースを獲得して、直接土と繋がりのある飼育をする。農業養鶏は土と離れては成り立たない」と静一は養鶏世界誌のインタビューで発言している。

▼甘藷、馬鈴薯、麦の利用▲

今日《こんにち》、自給飼料の研究は時代遅れと言う人がいる。外国産のトウモロコシや麦に依存する養鶏は、相場をやっているのと同じ。外国の政治、穀物の作、不作により盛衰が支配される。そこで農業養鶏だけでも「五割」自給を研究し、依存度を軽くしたい。

バントウの言葉

昭和二十六年、岐阜市則武《のりたけ》試験場で試みた組合せはロックホーン一羽一日に甘藷サイレージ、生魚屑、大根葉サイレージ、モミガラを煮沸し、配合飼料と生甘藷蔓を与えた結果、産卵成績は徐々によくなり、年平均で77％（280卵）、成鶏残存率81％、飼料価格は通常の30％～40％有利であった。

北海道の養鶏農家を訪ね、この地は鶏の天国だと感じた。至る所牧草は改良され、クローバーなど牧草畑が点在する風景は内地では見られず、優良な飼料作物ばかりである。内地での畑作対策は、甘藷、馬鈴薯、牧草類など生産した物は一旦貯蔵、一回転させ万一に備える方法を考えたい。

現代の六次産業化の発想に一脈通じるグッド・アイデアといえる。アイデアを具体的に生かす「サイロ養鶏」の特集号（昭和二十八年十月繁栄する養鶏）には静一独自の理念、実践が次のように示されている。

「予想すると、此の秋のサツマイモは貫（3・75kg）20円、穀類に換算すると60円になり、小麦やトウモロコシの半値になる。麸《ふすま》、米糠より安く、一羽当たり2～2・5円の飼料費で上がる計算で、年220個以上の産卵なら一個5円で買ってもらっても引合う。原価が低いからといって天下の相場より自分だけ安く売る事はいけないが、ゴトウの陣営はサイロを250基余り作っている。これに一年分のイモとツルを詰め込む。乳酸菌発酵の影響で不思議なほど効果が上っている。イモはサイロに詰めるに限ると信じている」。

続いて甘藷サイレージ、甘藷蔓、大根サイレージの作り方、魚屑・粉、青菜を混じえた配分割合いが同特集号に記されている。

二、優秀な遺伝子の固定

▼正しい一代雑種▲

ヒヨコ生産の始まりは百羽養鶏の飼育からだった。岐阜市中心街の百貨堂食品売場のコーナーで自家生産の卵を「今日産んだ卵を今日売る店」と宣伝。この卓抜さが認められ、昭和五年八月、種鶏孵卵場大手丸岐に鶏卵販売所支配人として迎えられ、同十年、種鶏家有志の総意で設立された丸岐連合種鶏組合ふ卵部支配人に選任され、正しい一代雑種固定の一歩に大きく踏み出した。曰《いわ》く「生産者から消費者へ直結する機関として一定の手数料を〝正直〟に計上して経営すれば双方に奉仕できる」。ヒヨコづくり事業一筋に専念した八十四年に及ぶ生涯はすべて「正直」のひと言に尽きる。

▼長男の留学▲

私は養鶏家の立場でのヒヨコ作りの決意から、丸岐ふ卵場の経営を希望に満ちてお預りし、「世界一の日本の養蚕は優れた一代雑種の作出に成功したからだ」の諸先生の意見を承わった。

バントウの言葉

そこで名古屋種の♀《メス》に白レグの♂《オス》を交配した「名白」の作出に力を注ぎ、昭和三十年米国で集団遺伝学を学んで帰国した長男（静彦）を中心に次男（悦男、同三十四年帰国）、当社技術陣の協力、さらに研究所を拡充して、一代雑種――雑種強勢――集団遺伝学のラインを活用して、ゴトウ鶏の基礎が固まっていった。

丸岐ふ卵場創業当時育種学、改良技術の用途は「一代雑種は品種が雑になる（純粋種尊重）」と中止の圧力が挙っていたが、冷静な分析、判断で初志を貫いた。昭和十七年、第二次世界大戦下の企業整備公布で丸岐ふ卵場第一分場として種鶏家11人と共に事実上の独立、創業を果たし、「名白」に代る独自の新一代雑種「ロックホーン」作出に取組んだ。

▼産業の植民地化▲

静彦が学び持ち帰った集団遺伝学とは、環境による影響と多数の遺伝子の支配を受ける形質のことで、統計的手法を用いる。「これからの日本養鶏は経営規模も大きくなるから、個々の選抜から群全体の能力追求で成り立っていく」と静彦は種鶏家諸氏の協力を求めていった。

長男帰国の4年後、静一は渡米。間近に迫った日本への外国鶏の進出に「国産鶏はどう立ち向うべきか」と、もれなく視察して帰国後、官・学・産各方面に技術・制度・体制整備を強く、熱心に呼びかけた。

バントウの言葉

外国ヒナ作出会社（ブリーダー）から持ち掛けられた取引条件の第一は、「ゴトウの持っている種鶏は全部処分し、今後品種の改良はやらないこと」だった。これは産業の植民地化であると私は心に焼きつけた。鶏を改良していく学問は世界共通だ。植民地にされてたまるかい。全社員一丸となってはね返し、正直に進もうと積極的に取組んだ。

私はインドの独立運動に生涯を捧げたガンジー首相を想う。インド産の綿が英本国から逆輸入される不合理を嘆き、手紡機を奨励、自給自足を計ると共に独立精神を養われた事実は有名です。

一番バントウ「植民地化」の解説＝貿易自由化の昭和三十七年後半から（ふ卵場で飼育の）種鶏用として外国鶏ヒナの輸入が活発化、翌三十八年輸入羽数は数万羽（養鶏場飼育の実用鶏＝コマーシャルヒナのその約100倍）に達した。日本の環境に最も適した、高い経済能力の鶏を作出することが我々育種家に与えられた仕事である。育種を進める上に遺伝と環境の交互作用の重要性を無視してならないことは、多くの育種学者の報告にある。日本に適する鶏種の作出は、日本の環境下で日本人の手で行われることが大切だ。

鶏の育種関係者は、いつも内外の新しい知識と技術を学び、良きものは勇敢に導入し、さらに自らの手で新しい方法を生み出して行けば、世界最高水準の鶏の育種が可能だ（外国鶏の輸入に対する心構えと対策～新しい鶏病侵入に対する対策の要望～後藤悦男　畜産の研究'63年7月〈後半大幅に省略〉）。

三、よい管理は環境整備から

▼太陽・空気・水・草▲

ヒナ・エサ・管理の総仕上げは太陽・きれいな空気・水・草に恵まれた環境にある。「農業養鶏復活には環境を整備し、獲得することが大切で、基本は土であり、農家が土と離れて暮らせないように養鶏も同じだ」。〈もみじ、さくらを創った勇士たち〉インタビューの中で静一は繰り返し語っていた。今想うに「陰陽五行説《いんようごぎょうせつ》」木火土金水の相剋《そうこく》（互いに争う）でなく「相生《そうしょう》」（助け合う）を指摘して下さっていたと、遅きに失したが重田は感じていた。

生命科学者の中村桂子は「世界の技術を支配するベル研究所の興亡」書評の中でベル研究所（※1）のスターたちには組織の本質が凝縮されている。（ここで言う）組織か個人かでなく、才能と個性ある個人あっての組織、その人たちが活躍できる環境をもつ組織あっての個人なのだと。後藤悦男「はじめに」の中に創業者の人生の出発から二代目、三代目、四代目に至るご縁、ゴトウグループの全社員、種鶏家の信頼、ご協力があっての〝今日がある〟

とは、書評の核心と色濃く繋がり、これ以上の静一の足跡を端的に語り得る説明はない。

※1　トランジスタの他、通信衛星、光ファイバーなど、情報通信（携帯電話、インターネット）に関わる驚異的な発明が立て続けに生れた。基礎から応用までの自由度を与えられた研究者300人。目標は「コミュニケーション」。タイトルの〝亡〟は新しい「問題（テーマ）」が見つからず規模縮小に至ることを指す（書評から）。

ゴトウ赤玉鶏『もみじ』

『さくら玉子』

静彦 編

集団遺伝学の追求と構築

▼風速50㍍の試練▲

二番バントウ静彦の青春時代は、風速50㍍に耐えることから始った。

「そんなもん、おまえ、誰が学費出すんや」

幼少期から父親の後継者になる自覚を持って専門書、師に知識を求め、技術をより深めるには先進地アメリカでふ卵、遺伝育種を極めるに然りと伝《つて》によるカリフォルニア大学への留学手続きをどうにか済ませ、静一に報告した結果は、いつにも増した強烈な風が返ってきた。

「行きたかったら今の農林専門学校（現在の岐阜大学）を卒業して、何年か働いて、それで自分の金で行くんならいい。今俺の金を当てにしても駄目だ」（ヒヨコに賭ける熱き思い・後藤静彦著＝以下自著）。

昭和二十七年戦後の混乱期、懸命に力を注いで建てた家が三年で空襲の結果灰になってしまった悔しさもあってか、恨み骨髄のアメリカに〝とられて〟堪るかの想いがあったと想像できる。

留学を諦め切れない静彦の風速を押し返すねばり、とことん手を尽した踏んばりの結果、渡米は実現、カリフォルニア大学バークレー校家禽学科に入学。昭和三十年三月帰国、集団遺伝学に基づくゴトウヒヨコの改良普及基礎第一歩が印された。

▼鶏屋のボーサ▲

近所の人たちから「鶏屋のボーサ」と呼ばれることに少なからず抵抗を感じていた。岐阜地方の方言で坊やの意味だが、何となく軽い意があった。多感な幼少期、父たち種鶏家同士大勢が夜遅くまで改良の話に夢中になり、ときにもうすぐ夜が明けるぞ、の声を耳にして「一番迷惑したのはお袋さんだった（自著から）」と思ったこともあった。

こうした経験から静彦は人の判断、付き合い、人脈、運命の説明不能な不思議さから「無限供給という恩恵を強く感じていた（自著から）」。父からの恩恵、父への反発、複雑にからみ合った感情は二代目ゆえの貴重な無限供給（果てしないチャンス）だったといえる。

やあ、負けた、負けた、分かった、息子に負けた。こういうことがあるんだ。

当時の設備、技術水準を越えたふ卵新工場建設の折、建物前の道路幅を決める際静一、静彦父子の間で一間（1・81㍍）か二間かでかなりのやりとりがあり、設計士までが一間論に組したが「私は会社、近所、親孝行のためと最後まで譲らなかった」。或る日トラック三台が会社の前に余裕をもって並んだとき、静一が来合わせ、〝負けた〟の発言が出た。

渡米反対のときの父としての心情にもからみがあった。

「アメリカへ行って万一のことがあったら困る」

「万一と言ったら何だ」

「青い目の嫁さんでも連れてこられたら困るからだ。鶏は一代雑種が良いが、人間は困る」

創業者（ファウンダー）の面目が躍動している。面目の一端に濃い人間味に満ちたエピソードがある。①便所掃除しながらハミングか掛け声か「あーりがとさん、ありがとさん」の声が聞こえてきた。②社員結婚の仲人をつとめたとき夫妻で花嫁を迎えに行ったが、肝腎の花婿本人は置いてけぼり「しまった婿を忘れた」と独特のしぐさで叫び、爆笑が満ちた。

▼躍進の基礎固め▲

昭和三十四年十一月、靜一夫妻と次弟悦男は渡米。帰国後東京、名古屋で米国養鶏視察報告会を開いた。その内容は、1．研究の深さ　2．生産物の活発な消費宣伝　3．生産販売機構の系列化　4．資料のハダカ取引と自家配合。日本の現状に比べ、二歩も三歩も先へ進んでいる実情を詳しく報告、関係方面に強く訴え早急な対策を求めた。と共に自らも「日本を代表するゴトウのヒヨコ」の作出実現のため岐阜大学家禽畜産学科の設立、後藤養鶏学術奨励賞・奨励金を発足させる一方、農林省種畜牧場の拡充と同鶏病支場の設立、その他養鶏産業全体の発展を視野に力を注ぎ靜彦時代の足許は固まっていった。

▼中央研究所五つの確認▲

岐阜養鶏農協産卵能力検定場と後藤孵卵場則武養鶏試験場は昭和三十六年閉鎖、業務は柄《から》

山《やま》養鶏場が引き継ぎ、同四十年中央研究所となった。所員全員が朝礼で唱和し、実践したのは、1．記録は正確か　2．羽数、産卵率、食欲は　3．給餌、給水、換気　4．鶏の状態　5．自分の仕事に無駄はないか、の5項だった。

国内最初の肉専用鶏肥育一号を作出、販売した。岐阜県可児《かに》市・姫研究所（昭和三十八年創設）で、肉用育種鶏の改良、種鶏飼育をし、わが国肉用鶏普及に貢献した。ここはその後（平成十六年）、中央研究所業務をそっくり移し、そして名実共に世界有数の卵用鶏育種研究の拠点になった。特筆すべきは原種鶏育種改良施設として日本独自の「民間育種場・有窓成鶏舎」で、自然環境により多く接する機会を設ける一方、育雛育成舎は微生物清浄化対応の無窓鶏舎（ウインドレス）とする万全の配慮が施されている。

試験、研究結果の確認には須衛試験所（各務原《かがみ》市、昭和三十九年）、病理診断室（同、同）を新設、能力検定、抗病性試験、抵抗性ある系統と鶏種の研究、作出に委ねられていった。「施設、設備をフルに活用する手段として私は前年五月から〈ゴトウ養鶏基礎講座〉を毎月定期的に開講、経営・簿記・管理・飼料・防疫・ブロイラー及び修養の何たるかを学ぶためゴトウの指導クラスメンバー、生長の家講師、大学生たちの協力をお願いした（自著から）」。

▼揺り返しと巻き戻し▲

靜彦の帰国以来、順調に業績を伸ばし、ゴトウヒヨコの特徴を理解、創業者の正直さと信頼できる同社の方針に多くの生産者が共鳴して10年が経過したが、昭和三十八～九年頃から外国鶏の進出が激しく「ずっと注文は増えていたが、その年（四十年）はじめて減った。挽回策として通信販売一辺倒から販売技術担当制度を設けて新機軸を打ち出したが、歯止めにはならなかった（自著から）」。

風速50㍍に耐えた二番バントウの経営手腕はここから真価を発揮し出した。まず販売の拡充を進めるため巨額の資金を準備した。当時2億円を調達するのにそれまで取引きのあった都市銀行から地元の中小企業相手の中堅銀行に切り換えたり、新しい分野をどしどし開拓する積極策を打ち出し、功を奏した。

外国鶏の攻勢で二割も減ったヒヨコのオーダーが、積極策で功を為し、同年の決算は総合で2億円ぐらいの純益となった。活発な販売路線の拡充や販売技術者育成増員など複合戦略の実行が結実したことに加え、昭和四十年十月二十四日岐阜県国民体育大会開会式に出席された昭和天皇皇后両陛下が後藤孵卵場を訪れたことが少なからず業績盛り返しに寄与した。

「その日の夜からテレビ放映、翌日の新聞報道、一週間後には週刊誌が伝え、全国からの反響は大きく、雛の注文が相次いだ。人間天皇の表情が生き生きしておられたのは御社内を案内されたときだけだった、報道関係者の寸評に、〝やっぱり〟と肯けたのは〝伴性遺伝はあるのですか〟とか、〝これ分離するとどういう色になりますか〟のご下問があったからだ。生物学に関心がある方だと思ったし、皇后陛下もヒヨコに興味を示され、ひざまづかれ、微笑んでおられた（自著から）」。

▼近代化の功罪▲

外国雛の輸入に伴って鶏病が入ってきた。自由化以前にも立川など進駐軍基地の一部地帯で鶏、七面鳥の肉など介して法定伝染病ニューカッスルウイルスが検出されていた。自由化は避けられないのだから当然検疫は強化する必要があった。まして飼育規模は拡大の一途を辿《たど》りリスクは増大するばかり。作用があれば反作用ありで、便利を追求すればその裏返しを常に受け入れる準備は当たり前。その当たり前のことがしばしば政治に左右される事がある。「父の〝同志に訴える〟の一文がある。〝猛威をふるったニューカッスル病に対して確固たる国策の樹立をみないうちに、一部の人々の政治運動によって生ワクチン試験を応用化されんとしている。生ワクチンは生きていて介卵性だから親（種鶏）に使えばヒヨコが菌を運び、卵、肉にも影響する。抜本的防疫対策を国会に請願している〟。このワクチン論争は私共の力及ばず輸入され、いわゆる薬漬けの一因になっている（自著から）」。

米誌エッグ・インダストリー，76年3月号の切り抜きを手にして「アメリカ人一人当りの鶏卵消費量は9個、約3％減少している。理由のポイントは卵殻、卵質の急激な劣化で、論旨は鶏の大量生産方式はこのまま進めていってよいのかの、再検討論です」静彦はインタビューに対して答えていた。

別の機会、静彦は「国際化時代の姿勢」をテーマにしたインタビューで「良品に国境なしが私の認識。国各々に基本はあり、事情に応じた原理原則を守り目的を遂行している。当面の目標は生産者と共にあるグループ化と当社内のグループ化の二本立てだ。農業養鶏——三万羽クラス——だからこそ生かせる利点を共に索《さぐ》り、経営を進める。生産者、消費者の要求に素早く応え事業方針に反映させていく」。米紙報道の再検討論、新しい分野へ進出しつつ、開拓を進めるの内容がここに包括されている。

▼27ヵ国へ輸出▲

種卵（横斑ロック）初めての輸出はブラジルで、種鶏ヒヨコはタイ国農務省へ600羽、昭和二十七年だった。以降欧州、中近東、ソ連、ブルガリアの共産圏へと輸出は拡がり、昭和四十年のセイロン代理店をはじめ台湾、韓国、マレーシア、シンガポール、香港、ベトナム、オーストリア各国にゴトウヒヨコ代理店が開設された。

昭和四十四年には27ヵ国、国内初生雛《しょせいびな》輸出羽数の70％、135万羽を越えた。当時外国鶏が伸びる中、親切に徹し、特異性をもつことの二大方針を堅持して国内のメス販売は980万羽（国内シェアの約10％）に至った。

「ゴトウ鶏（360さくら）はいま、外国鶏を凌いだ」。ＮＨＫ総合テレビ北陸東海番組「よみがえるタマゴ王国」（昭和五十八年十月七日午前十時）は自由化当時、外国雛でなければヒヨコにあらずの評価を乗り越え、ひたすら改良を重ねてきたゴトウの姿勢を讃え特集番組を製作、放映した。

さくら玉子、もみじ玉子は市場性が高く、消費者の支持が厚く、お得意様も大口養鶏（一万羽以上）が50％、友の会員（農業養鶏主体）が35％、その他15％の構成となり、需要先に片寄りがなくなってきた。鶏を通して農家経済を豊かにして行きたいという創業精神が花咲いてきた（自著から）」。

創業者からのバトンを着実に受け継いで、より豊かに実らせてきた靜彦は農家養鶏の過保護は却って体質を弱める、基本は自主的努力にあると鼓舞している。

悦男 編

国産鶏利用体制確立の道

▼感染すれど発病せず▲

一，〇〇〇羽飼って一ヵ月の労賃15万円、私がはじき出した無理のない農業経営の基本線だ〜自然養鶏を全国に広めた中島正（岐阜県金山町）は昭和五十年当時言い切っていた。二，〇〇〇羽で単純に理解、計算すると一万戸の生産者で二，〇〇〇万羽の成鶏飼育羽数となり、全国成鶏飼育羽数の16〜7％ほどになり、意図せずにライブ・ストック（Live Stock）（※1）の役割りを果している。

「大規模養鶏が招く鳥インフルエンザ」説の笹村出（神奈川県小田原市）は、弱毒性ウイルスの常在化を07年発言していて、「鶏は小羽数飼って自然豊かな環境で育てている（百姓アグリのはいしゃくレポート（08年）」と自家繁殖（※2）した「笹鶏」を350羽放し飼いしている。

同レポートの中、笹村は病原菌とどう折り合いをつけていくか。抗体を持つことは免疫システムで、発病とは違う。感染しても、(笹鶏は）発病しない自信がある。それだけ強健（高い抗病性）な鶏種作出を目標に取組んできた、と続けている。

中島、笹村の路線は大量生産、省力化、近代化方式と逆の方向にあるが、リサイクル（再資源、循環化）、リユース（再利用、原料化）、六次産業の推進を担い、農業養鶏に欠かせぬ周辺環境を見極め、身の丈に合った経営方針といえる。

▼海外ＡＩ（高病原性鳥インフルエンザ）発生時のヒナ確保▲

05〜06年、海外にＡＩ禍が拡がり、当時40％近くを占めていたイギリスを含めドイツ、オランダ、フランスからの原種、種鶏の輸入が停止、全体で80％がストップした。不幸中の幸い、このときのウイルスは弱毒性で短期間の停止で解除され、鶏卵が国内の食卓から姿を消す事態は避けられた。

この状況下、農林水産省は「少数の外国に原種（採卵、肉用）を依存しているのはリスク要因になりかねない（大臣発言）」と即反応、日本独自に優良原種開発を奨励する意向を示した。

一年を経ず誕生したのが「国産鶏利用体制構築専門委員会（６名）で、三番バントウ悦男は国産鶏普及協議会を代表して座長に就任、第一の目標を〝緊急時100％の自給（現在のざっと20倍）が可能なＰＳ《（ペアレントストック）》140万羽体制〟づくりを設定した。各論は多岐に亘ったがまず、ＧＧＰ（原々種）の各種鶏病のフリー化にあるとした。

後藤孵卵場は昭和十七年の創業以来、抗病性に優れた国産鶏改良に取組んできた成果として注目されるのは雛白痢菌フリー（白痢菌陽性率10万分の７―昭和三十三年―）だった。

国産鶏のメッカ、ゴトウグループが集結する岐阜県内でもしＡＩが発生したら、のメディアの質問に「日頃からの積み重ねに万全を期している。国、隣接県関係団体、組織で300名が参列しての実働演習をはじめ①野鳥、野生動物　②給水管理　③車両、器具、従業員などの消毒　④管理者、作業者教育　⑤日常些事の観察の徹底と共に日々連絡、確認することで、何より〝絶対に発生させない〟の心構えが必要だ」と答えている。父、兄の遺志、国内養鶏産業の健全経営遂行の決意表明ともいえる。

▼鶏病支場復活へ行動▲

父静一同様悦男は国に対しタイミングを把握して鋭い提言、行動を示し、05～06年のＡＩ禍直後、決定的鶏病対策として、「家禽疾病研究センター」設立の要望、意見書を提出した。「外国鶏ヒナ導入と共に規模拡大が進み、ニューカッスル病（イギリス発生源）など各種伝染病が侵入、後藤静一が先頭に立って昭和四十七年農林水産省家禽衛生試験場（現動物衛生試験場）鶏病支場（岐阜県関市）が設立されたが、平成五年、民間に何の説明、了解もなく閉場され、養鶏産業と共に国民の健康、生命に大きな影響を与えた。

現状と、今後の防疫システム再構築には『家禽疾病研究センター』の設立が必須、急務である。併せて①養鶏場当たりの飼育羽数の上限規制　②養鶏場の密集防止規制を法令化することを要請する（全国養鶏政治連盟、記三バントウ後藤悦男）」。

①②の危険分散の配慮は前記専門委員会の総意であり、悦男が最も関心を示す事項でもある。専門委員六人の出身母体は全農、家畜改良センター岡崎牧場、生活クラブ事業連合、国産鶏普及協議会の各メンバーで、06年秋「たまごシンポジューム」が開催されたときの主要

構成員だった。

シンポジュームの結論は、純国産鶏のシェアを（せめて）10%にする、だった。当日配布資料のアンケート調査の中に、消費者が卵を手にしたとき、国産、外国産を気にする（した）ことはないのでは、の回答があった。産業サイドのこれまでの姿勢は卵の栄養、健康への貢献度、生産農場の取組み、経営実体のPRに片寄っていて、育種メーカーの改良努力、方針、GGPから実用ヒナ（CM）に至る経費などにはまったく触れられていない。

或る生産者組織の調べでは一羽の実用ヒナの値段は国産鶏150円〜220円、外国鶏120円〜185円と値開きを示していたが、店頭の卵には格差説明は勿論、鶏種銘柄、生産種鶏場を明記したケースは皆無に近かった。「気にすることはない」の裏返しは「判断する材料が与えられていなかった」に尽きる。

莫大な投資を必要とする育種事業とCM価格との相関関係、詳しい経費、収支内容の説明欠落の原因は養鶏産業特有の「ヒナ買い手市場」（※3）にあるが、悦男は後藤孵卵場社長時代「原種素材確保から実用ヒナ発生過程と費用（種鶏150日齢までの育成費）」を試算したことがある（以下10%シェア確保に必要な考察の一端）。

コスト（直接経費）は1羽50円未満だが、△研究開発維持費（系統造成、相性テストなど）

△再投資、利益、積立留保　△販売プロモーション活動　△人件費　△その他。加えて防疫、予防とスキが見せられない。こうした積み重ねによるテーマは「優良品種の開発とは多様性の追求」で、怠れば世界的種の危機になる、と次のように警告している。

「私個人の知人秋川牧園（山口県山口市）の秋川実氏（当時社長）は、数年前中部日本養鶏研究会の講演で、△食の信頼は距離に反比例する　△良い人生に良い食べ物　△地球四十六億年種の掟など話されたがまったく同感で、緊急時の自給体制確立を急がねばならない」。

▼鶏の家禽化　陽と陰▲

悦男は、季刊「たまごと肉」,77冬号、,78春号に「鶏の家禽化と生態、進歩と退歩」を執筆、起源から経済動物への移行を記述した。編中日本と欧米の気候風土の違いを技術、システムでカバーできるのは余り多くない点と、経済動物として目的化されている以上鶏本来の生態からは好ましくないが眼をつぶらざるを得ない事情を一般向けに解説している。一部を再録した。

――中国殷時代（BC一，三〇〇年）鶏は飼育されていた。他の家禽と比べ鶏の空気所要量が2・5～5倍で充分な換気が必要。高体温、暑熱に弱く、日光浴を好み、放飼が適し、緑草、腐葉土、発酵飼料を欲する。経済動物へ移行したのは二千年前ローマ人によって産卵性改良のため就巣性をなくし、貴族の荘園で飼われた。日本では古墳時代雄略天皇の頃、鳥飼部と称する専業民がいた（日本書紀）。

一九世紀の後半から米国では栄養飼料の研究が盛んになり、経済性の追求が熱心に進められ、大勢は自給飼料から配合飼料（完配）にチェンジ。多羽数飼育が本流となり技術の進歩、施設の近代化でマイナス面の克服により成功してきたが、予防、防疫、治療にかかる作業時間、コストは増えていった。

施設近代化は舎内環境を調節、合理的飼育を目的とした無窓鶏舎――ウインドレスが注目され、昭和四十年ごろから輸入が始った。配餌はチェーンコンベアー、スクリュー方式。集卵もコンベアーで、除糞車、除糞機の導入で省力化は目を瞠《みは》った。

マイナス面は先の各種鶏病多発の危険性で、予防薬投与、ワクチン接種の作業がふえ、省力化の歩留り低下をきたす面も出てきた。――

▼リーダーの資質▲

ゴトウテクニカル（グループ企業）の代表当時悦男は、事典「養鶏――科学・技術・産業（自著）」「卵は工業製品か――タマゴのロマンと生協（川崎仁著）」「良質卵の生産・流通・販売――養鶏への挑戦」「平飼・自然卵の生産・販売・経営」四冊を平成二年から七年にかけて出版した。「養鶏」（B５、370ページ、六，五〇〇円）は国内初の本格的用語集（歴史、解説、管理）で、平成二十三年に編著、自費出版（非売品）された「国産鶏改良普及三代記」と共に多くの読者から養鶏産業界のバイブル、と高く評価されている。

一企業人としての責任のほか、産業全体を視野に入れたリーダー的使命の企画、行動力は第一回日本養鶏セミナー（平成二年五月）の開催に向けられ、次いで主に中小生産者を対象にした「全国直売交流会」の実施に直結した。

岐阜グランドホテルで開催された第二回全国直売交流会（平成十七年四月）は全国各地から120名が参加、六次産業化時代の先陣を切った。講師のひとり江島康子（地域興しマイスター・造形書家）は、内在力発揮の時をテーマに「左手を多用、普段使い慣れない手法でアイデアを出して攻めの販売を」と説いた。

国産鶏普及協議会会長（平成九年就任）在任中の平成二十年六月、創立21周年を迎え、同年十一月岐阜市パークホテルで「国産鶏と飼料米利用養鶏の普及拡大「研修会」を主催、岐阜方式とも呼べる全県、独自の取組む姿勢を示し、実績、利用に拍車をかけた。「国際化進展で飼料及び食料の生産、消費までのフィードマイレージ（食料輸入量×《かける》輸送距離）が長くなっているが、飼料自給率70％を達成するためには飼料米生産拡大と利用による養鶏普及が欠かせない（平成二十一年十月　三バン番頭後藤悦男）」と挨拶した。

▼目指す日本型生産▲

「私は講演『養鶏の現状、食の安全・安定供給を目指す日本型養鶏』を岐阜大学のシンポジウム（平成二十一年十二月）で発表した。鶏卵・肉生産物の自給は高いが、飼料原料は10％、鶏卵のカロリーベース自給率は9％に過ぎない。改善、改良のために①種を保持、消費者ニーズを常に索《さぐ》る②飼料米など自給飼料養鶏の拡大③自然環境・鶏福祉を大切に④

鶏排泄物の肥料化、バイオマス利用を進め　⑤地産地消、卵直売の実戦拡大を心掛けていく（養鶏孵卵を通して社会に役立つ）」。三バン番頭の熱意を引き継ぐ後藤孵卵場の経営は四代目社長日比野義人に移り、新時代に向け研鑽が進められている。

※1　ライブストックアニマル、普段は人の食べ残しを摂取、ときに人に良質な蛋白質、脂肪を与えてくれる動物。システムとして同様目的を果しているのが千葉県旭愛農生産組合（小林博代表理事）と旭市の取組で減反田を活用、エサ米を農協の協力も得て、「飼料米栽培事業（凶作時食用に利用）」サンライズプラン――循環型農業モデル事業推進協議会――が十年以上前から発足している。組合長が経営する大松農場は08年当時、開放型鶏舎、一部平飼い鶏舎によって12万5千羽（ゴトウ鶏成鶏）を飼育、サンライズプランの一角を占めている。

※2　笹村は「交配を七世代続けると固定種ができる」と記述している。産卵率を60％でもよいとすれば自作ニワトリの作出は別に難しくもないと。

※3　コマーシャルヒナの売買は常に生産者が優位にあって、これまでブリーダー（育種・種鶏フ化場）が主導権を持ったことはない。良質鶏・卵生産の絶対条件は位置逆転にある（敬称略）。

二章　岡崎おうはんの誕生

一．傘寿の初子

牧場の歴史80年の中で独自の改良種を作出したことはなかった。独立行政法人家畜改良センター岡崎牧場（愛知県岡崎市大柳町）前場長の米田勝紀さんは「国産鶏改良普及の歴史」で述べ、快挙「岡崎おうはん」誕生に至る経過、傘寿にして初子を得た感慨、期待を淡々と、時に喜びを文のはしばしに滲ませていた。と同時に、国内ヒナ市場で圧倒的シェアを外国鶏に占められている現状から巻返す決意が読みとれた。

これまで同牧場の主な役割りは、改良用基礎系統の種鶏（実用産卵鶏〈コマーシャル〉の親――ＰＳ《ペアレントストック》――の片性や原種鶏）を地方自治体、民間育種会社へ配布することだったが、平成九年原種鶏（種鶏の親、――ＧＰ《グランドペアレント》――）牧場として農水省ジーンバンク事業の一環である「最高の水準を満たす有用遺伝資源の維持、確保」（米田報告）が重要課題として加えられた。

平成二十六年度鶏改良推進協議会（同年九月十八日）「育種改良の現状と方向」では、岡崎牧場は年間約一万八千羽のヒナ餌付けを行い、貴重なデータを収集、〝岡崎おうはん〟の種鶏改良を継続すると共に、これまで以上に兵庫牧場、各県・民間研究機関の提携を深める、とその方向を示している。

また、これまで20機関余から寄せられていた詳細な改良情報は家畜改良センター（ＮＬＢＣ）、本省以外は原則非公開だったが、前年度から支障のない範囲で系統造成や組合せ検定等の概要を全国会議と岡崎牧場ＨＰ《ホームページ》で公開することになった。平成二十五年十月二十四日、二十五日、名古屋国際センターで開催された「鶏改良推進中央協議会」では、昨年度設立された「岡崎牧場系統利用ネットワーク」を軸に同牧場が保有する品種、系統を利用した新品種・系統造成、新銘柄開発を促進、流通拡大策・活動化を支援することを決めた。

そのための情報、意見交換、関係者の積極的な交流を進め、技術の向上、普及ＰＲ、組合せ検定、品種・系統に関する生産履歴（トレーサビリティ）の取組みを行うとした。こうした骨組を背景とし、各地で取り組まれている「最高の水準」の一部内容、調査・試験項目を以下に記す。

系統造成法、育種手法、白血病の疫学、誘導換羽に加え種卵の加温処理、凍結精液の実用化、モミの飼料化試験、さらに緊急の課題として食品残滓飼料の開発、鳥インフルエンザ（ＡＩ《アビアンインフルエンザ》）発生時に応用できる消毒方法の解明、遺伝資源保存及び利用技術の開発と多種多岐に亘っている。この内岡崎牧場では、これまでに改良実施の方向が見られるのは主要系統の△卵重傾向（雄系統）の向上と産卵率アップ、中でも△後期産卵性の重点改良、課題である△産卵後期の若干低い傾向にある卵殻強度を高めるなどで、具体的には第３中期計画期間中（最終年度は平成二十七年度）に主要白色レグホン種の後期産卵率を5ポイント上げる。

一方で、様々な試行と、努力の結晶が12年4月に開催された東京ビッグサイト食肉産業展2012の地鶏・銘柄鶏食味コンテストで岡崎おうはんは全国からの地どり応募数30銘柄の中で最優秀賞受賞として実を結んだ。出品参加した㈱太田商店（岡崎市福岡町、従業員数45名）は、13年10月24日名古屋市の国際センターで「純国産鶏〝岡崎おうはん〟の生産から差別化販売へ」と題して講演（原祥雅専務）した。

同社創立は明治二十三年（設立昭和五十三年）、飼・肥料、鶏卵の卸・小売業が主事業で岡崎おうはんの本格導入、稼動は10年7月から、雄の平飼い、出荷日数は平均120日だった。

岡崎おうはん開発の基本的考え方は「価格で競争しないこと」で、まず△高品質の卵と肉生産、次いで△純国産鶏（※1）の持続的再生産△地域社会の活性化△飼料米利用、エコフィード（食品残滓飼料化）△平飼いに最適△資源の有効活用（親鶏と雄ヒナの活用）△育種部門からのトレーサビリティの明確化である。

以上の命題を達成するために08年10月「岡崎おうはん振興協議会」が設立された。ここに至る数年間岡崎牧場は周到な準備、綿密な調査、周知活動を繰り直し、中でも兵庫県相生市で主催した〝たまごシンポジウム（06年10月）〟は転機となる主要路線追求の場となった。主題は「国産鶏の存在理由」で、群馬県畜産試験場、生活クラブ事業連合生活協同組合連合会（以下生活クラブ）、ＪＡ全農たまご㈱、㈱後藤孵卵場から各々「実用鶏の現状」「国産鶏卵を取り扱う理由」「流通・販売実態と国産鶏普及の可能性」「国産鶏育種改良普及に取組む立場から」の詳述、講演があり、講師四人の共通項は〝国産鶏普及の可能性〟、どうしたらひと桁台に落ちた国産鶏の市場占拠率、シェアをせめて〝10％台に回復できるか〟だった。

回復の決め手として流通・販売促進の一翼を担う生活クラブは、，74年鶏卵の産直を開始した㈲鹿川グリーンファーム（埼玉県坂戸市）を，94年に生産者グループで構成する「親生会」に組み入れ、13年10月1日㈱生活クラブたまご（吉野訓史代表）として国産鶏ゴトウもみじ、さくらの全面的導入を決めスタートした。

※1　日本国内の育種機関（企業）で原々種（種鶏の祖父）を系統として保有、原種から種鶏に至る一連の育種工程を繰り返し作出した実用ヒナ（コマーシャルヒナ）を国産ヒナ―国産産卵鶏と定義する。国産親鶏が産んだ卵は国産鶏卵であり、原種、種鶏を海外に依存する親鶏は外国鶏で、その卵は外国産鶏卵と呼ぶ。

外国鶏、外国鶏種（血統）の卵と混同を避けるために国産鶏及び国産鶏の卵を純国産鶏、純国産卵と呼称している。日本国内で原原種（特異遺伝子を持つ多系統の種）を保有し、永年に亘る優良遺伝子の蓄積と保存・改良の結果作出した国産実用鶏（ヒナ）が国産鶏である。

望月完二（株）後藤孵卵場

「岡崎おうはん」開発のコンセプト

	時代のニーズ		岡崎おうはん
1	食の安全保障への危機感	1	我が国の風土や食習慣に適した歴史ある**純国産鶏**(国産に理解を示す消費者をターゲット)。国内で持続的に**再生産可能**
2	地域の地盤沈下への対応	2	**地域社会の活性化**(零細農家や差別化を意識する農家向け。地産地消)
3	安全・安心・品質・新鮮がキィワード 卵=安全は絶対条件。健康志向	3	**高い品質の卵と肉**の生産を目指す(価格で競争しない品質型)
4	卵かけご飯の見直し(安価、良質、手軽、美味しい、ご飯への回帰)	4	**大きな卵黄**　卵かけご飯に最適な卵。
5	**大量生産への警鐘**。手作りの見直し。もったいない思想。アニマルウエルフェアへの動き	5	**飼料米、エコフィード、平飼い**等への対応を目指した付加価値型
6	限りある国内資源の有効活用への理解	6	**親鶏と雄ひなの活用**(資源の有効利用)
7	トレーサビリティと絶対安心のお墨付きが必要な時代	7	**育種部門まで生産履歴が明確**。国が育種改良してきたという信頼感

「岡崎おうはん」を取り扱う飲食店

●岡崎市内

・**空と緑のたま姫キッチン　たまご de ごはん　oeuf**(福岡町、太田商店らんパーク内)
・**風来坊**(中岡崎店・東岡崎駅前店)
・**吉左右**(明大寺町)
・**日本晴れ**(上和田町)

●名古屋市内

・**大岡屋はなれ**(本店(栄)・名古屋錦店)
・**ワタリガラス**(中区栄、旧 Gazzat)

二、占拠率10％をめざす
―中小経営の柱は直売―

昭和三十五年、外国ヒナの輸入自由化に備えて養鶏振興法の成立を見たが、三十九年に85・5％、10年後は15％と激減、国産鶏のシェアは現在およそ5％前後になっている。

外国鶏がここまで伸びた理由の第一は高収益に結びつく優れた生産性で、群馬県畜産試験場独立研究員（当時）後藤美津夫さんは具体的項目として△ピーク産卵率と持続性△飼料要求率を掲げ、国産鶏が外国鶏に立ち向うには高卵質の維持、均一な卵殻色、少ない排泄量による環境問題対策と指摘していた。

均一な卵殻色の維持は国産鶏種の最も優れた資質の一つで、生活クラブはこの年（06年）「鶏卵政策の方針」を決定。その内容を同開発部長（当時）の田辺樹実さんは①テーブルエッグに至るトレーサビリティ②国民的運動、組織活動の一環として種の確保、国産の維持、拡大③地域振興④食の安全・安心と自給率の改良を目標、と列挙、同時に回復策のポイントとして「最近量販店の（注目すべき）商品政策」である有色卵（褐色・緑色・ピンク）の種鶏導入実態を示した。

平成十七年度の白色卵鶏統計は63・7％、十八年度は62・4％、マイナス1・3％に対し有色卵鶏はそれぞれ36・3％、37・5％と増えこの傾向は同二十三年度の種鶏導入統計でも続いている。

鶏卵流通の巨大マーケット関東、近畿の在り方は近年直売比率の高まりで地域分散化が進み、北九州マーケットでは有色卵、とくにピンク卵は好評で、家庭消費60～70％に至っている。

直売比率の向上、即ち生産農場―消費家庭市場の直結で、分散化の原因、差別化の内容は①収穫後の薬品使用規制（ＰＨＦ《ポストハーベストフリー》）②遺伝子組み換えをしない農産物（ＮＯＮ《ノン》ＧＭＯ《ジーエムオー》）の問題提起抬頭③産地指定取引の定着、生産方法公開化の進捗と鮮度維持のスピードアップ（短絡化）などに加え、企業、個別養鶏場のブランド卵流通の促進や量販店、生協などの鶏卵販売戦畧の積極性が挙げられる。

例えば利益商品としてキメ細かい取組みに励み、一貫して地元生産卵を最優先に扱うＰＢ、プライベートブランド――有色卵の比率アップに結びついていく。何より、企業、養鶏家自身が売れるでなく「どうやって」売るか、の時流に沿わざるを得なくなっているといえる。

㈱後藤孵卵場第一事業部は「今日産んだ玉子を今日売る店（繁栄する養鶏）〃九州直売店

開店〟」の中で詳細な損益分岐点を試算しているが、具体的内容をもとにして有色卵の在り方、方向、分析、課題を追い求め、差別化の要点、スーパーの基準、ＰＢ卵の定義、販売方法と利益、営業の基本原則（興味、欲望、比較、意識改革、自販機、通信・宅配）にまとめている。

▼挫折阪神鶏卵の教訓▲

直接販売の形態は企業養鶏と中小生産者（目安飼養規模十万羽以下）では中身にかなりの距離がある。中小の場合は一般家庭を中心とした消費者を対象とし、農場・店頭渡し、自販機、宅配、委託・通信・ネット販売と窓口は多様で、品揃えもシュリンクトレー、価格別ビニール袋、贈答用詰め合せ、味つけ・温泉たまご、さらに抱き合せの加工弁当、ササミのくん製、若どり、たまごスープ、から揚げ、惣菜類、中にはスイーツ各種をメニューに載せているケースも見られる。赤玉を主力とした有色卵の占める位置、伸びがあるからで、経営の主役であることは論を俟たない。見事な舞台、映像も主役だけでは成り立たず脚本、傍らを固める諸々の背景あってこそだ。つまり経営のバランスで、有色――赤玉の直売を基本に、それまでの業界の常識を覆《くつが》えして、直接消費者の評価に委ね、いっとき成功したが、その位置バランスを見失なった昭和六十年代初めの阪神鶏卵〝めぐみ〟事件「赤玉一千万羽計画」の挫折は現在に至り、未来展望の上から反面教師といえる。

〝めぐみ〟構想の根幹は生販一体化を進めつつあった事で、30年前の養鶏産業は生産から流通ルートがスムーズに結ばれておらず、川上からの抜本改革が必要として〈鶏種から台所まで〉をめざした。当時社会主義国ハンガリーの赤玉鶏テトラクロスの原種鶏を導入、構想に参画する生産者はテトラヒナと指定配飼料を受け入れ、生産卵を販売担当のビッグウエイ商事に無洗卵、ファームパックで納入。価格は白玉並の相場ユニットプライス(量目価格)で、サイズは六段階から独自の三段階M、L、J《ジャンボ》として取引きした。

現行六段階サイズ取引き(SS　S　MS　M　L　LL)は不合理な面があり、今でも一部見直しを求める声がある。例えば消費市場に出廻る主流サイズはLとMが70%前後を占め、季節、鶏令、社会情勢などによる需給がM、L過不足気味のときM、Lの価格は当然上下しMS、LLとの「境目1g」がときに10数円の開きになる(鶏卵問屋)ことがあり、消費者にとっては迷惑な話で、三段階取引きは買いやすく親切な仕組みだ。この点岡崎おうはんはM、Lで80%を超え、MSを加えるとほぼ100%になる(平成十九年度岡崎牧場交雑鶏の成績)。

加えて阪神鶏卵当事者は「五年先（昭和六十五年頃）の赤玉占有率は40％台にのせ、やがて過半に至る」と現状況を明確に見通していた。

倒産に至る経緯、当時産業に与えた余波などは省畧するが、自己肥大に陥り、本音と建前を使い分けたズルサが決定的だった。中小生産者の参加を呼びかけ、消費者の卵に関する意識、評価を変えさせようとしたスタイルは中途半端で見せかけだった上に、販売戦略の独断、突っ込み不足が致命的といえる。

的外れだが、岡崎おうはんと〝めぐみ計画〟の組合せが30年前に遡ってできていたら国産鶏のシェアはどうなっていただろうかと、逞しく空想した。

▼一種で三兎を追う▲

外国鶏の上陸以前国内では産卵後の肉利用は当たり前で、例外なく兼用種と呼ばれていた。今日卵用、肉用の専用種が一般化となり、兼用種は少数派になっている。

岡崎おうはんは雌の卵肉使い分けと共に雄を肉専用に活用して一石三鳥とし、養鶏新時代のホープ一号といえる。これまで雄初生ヒナは飼料化か廃棄に廻される運命（〝抜き雄肉〟として一部で利用）で、かつて祭礼の露店先などに見られたヒヨコは雄ヒナばかりで、雌ヒナの五分の一以下の評価、価格差で売られていた。生活クラブの試験導入（10年9月㈲鹿川グリーンファーム）では雄約150日令（平飼い）平均体重2・6kg、雌は459日令（15ヵ月強）まで産卵を続けオールアウトし、共に〝親どり肉〟として出荷の目標を立てていた。雄の当時最大ネックだった飼育日数、エサ代に及ぶコストアップ改善策はNLBC岡崎牧場、鹿川グリーンファームなどの協力で着実に歩を進め、関連技術の説明として同牧場は07年3月「卵肉兼用種開発の背景」に①明確な羽装〝横斑模様〟種②産卵後の高い鶏肉価値③一羽当たり生産重量を増やすと明示。一方で、有用遺伝資源の維持、確保（ジーンバンク）など一連の改良体制整備、充実の結果と併せ、チリ原産の緑色卵鶏アローカナの改良にも着手、「岡崎アローカナ」として市場に送り出すことに成功している。

アローカナの最大欠点は産卵性で、岡崎牧場は白色レグホーン種を交配、飛躍的に向上させると共に平均卵重を52・2g、鶏卵の生命線といわれる卵殻強度は一般卵の3～4割増し5・14を達成。対前年比倍増の種卵配布量を達成しており、その後もじわじわと上昇線を描いている。改良型アローカナの平均卵量と卵殻強度の利点は日本人好みの卵かけご飯にぴったりで、珍種の域を脱しつつある。

▼廃鶏は甦る▲

役所用語は廃鶏（※1）で通っている。産業関係者はイメージダウンを避けて親どり、親メス、老鶏など使い分けているが、廃鶏の価値、（客観的）位置がくっきり変ったのは食鳥検査法（※2）の施行（92年4月1日）以降だ。

採卵鶏生産者にとって廃鶏は副収入源の筆頭だったがマイナス要因になり始めた00年頃からは一羽当たり（正肉重量500～600g）の農場渡し価格は生産者負担で45円から、逆にプラス5～10円という著しいバラ付き、格差が生じていた。01年生産者組織のアンケート調査では46事業体の半数が有料販売、無料が15で、処理場に引き渡し料を払っていたのは8の結果が出ている。有料の内5事業体は一羽50～60円という高値で、これは九州北部地方、近畿の一部では古くから廃鶏肉の食習慣が盛んで、生肉は朝取り（生鳥取引き）、鍋ものはすきやき、水炊きに利用されている特殊事情が背景にある。

法制化によるくっきり変化の理由は①公衆衛生体制の徹底化②昭和六十年頃から急増した需要に関連するカンピロバクターに代表される疾病対策③産業界全体の旧から新の脱皮を促す事件、転換要素が介在していた。

①　検査法施行の主要骨子は「HACCP《ハシップ》（危険分析重要管理点）」方式の順守で危険分類上一般食品中最も危険なカテゴリー〝V〟に位置付けて衛生面の事故を防止することだった。それまで野放しに近かった食鳥実態にも拘らず永く続いた作れば売れる時代から、供給過剰の波が到来。廃鶏肉価格は04年頃からkg当たり230円―200円―180円―120円と急激に下降した。この背景には95年PL法（製造物責任法）、92年週休二日制発足（労働条件の改善）といった社会情勢の新たな動きも加わり、02年全国で374あった処理場数（認定小規模食鳥処理業者を除く）は11年272に減少。一方相対、補充関係（廃鶏は産卵の副産物）にある採卵鶏飼養羽数はこの10年若干の増減が見られたが一億三～四千万羽が維持されている。生産農場の大規模化に伴い必然的に食鳥処理施設の近代化、能力、規模の拡大が進んだ結果であり、と同時に環境整備、経営改善などの問題点、解決すべき項目も持ち上った。

②　食鳥による疾病罹患率が急上昇したのは昭和六十年～六十三年で、カンピロバクター食中毒は20年前に比べ7～8倍になった。生産農場から回収される廃鶏、事故・病鶏などの

淘汰鶏は△輸送距離△処理ロット羽数（飼養ローテーション）△集鳥の場内・外及び危険性を伴う作業内容など各地域個々の現場事情でかなり異なるのが実情。かつて複雑な問題オールアウト完全実施、検査料、出荷予約などを一気に解決しようと関西地区の鶏卵生産出荷組合が「自前処理施設（廃鶏酵素処理）」の具体化に乗り出したことがある。廃鶏の飼料化システムNRP（米国で04年実績550万羽）とは単純に飼・肥料化を目的とした「廃鶏処理場を必要としない成鶏処理方法」で、処理場組織の反対、米国社のライセンス料、検査法とのからみなどあって実現されなかった。中でも移動「多元集荷一元処理」のA1問題に引っかかり、法に抵触する懸念が問われた。「生きた廃鶏を運ぶのは穴の開いたウイールス培養器を運ぶのと同じ（毎日新聞コラム〝発信箱〟）」農場から処理場までの運搬に伴う危険性は今も万全解消とはいえない。生産の規模が拡大され、多羽数飼育（過密飼育）が進めば当然疾病リスクは高まる。

③　04年4月、鶏卵の計画生産（羽数枠管理）が終了した。30年に及ぶ調整枠といわれる農水省、生産者の自主判断が撤廃され、制限なしに増羽できる寡占化、経営規模の両極化時代に突入した。

▼両極化へ拍車▲

経営の安定、自由主義経済の本来に戻るとした施策は成功、養鶏産業全体の意義、認識のレベルアップに繋がったが、新体制、機軸展開は当然の如くさまざまな反作用を引き起した。まず、法人経営によるスケールメリットの追求、組織効率面の徹底化は生きものが相手だけに単純でなく、03年、79年ぶりに列島を襲った鳥インフルエンザ（H5N1型）の発生は青天の霹靂《へきれき》、産業全体の常識が根底から崩れていった。

当初槍玉に挙げられたのは地域偏在を含めた過密飼育。次いでエッグサイクルの完全消滅。相場の乱高下は曲りなりのパターン化、農場運営の指標化、つまり道標《みちしるべ》とされていたが、寡占化が進むと共にパワーゲームとなり、13年の前半は輸入原材料の円安、電力料金の上昇、諸経費コストアップにも拘らず卵価に反映できず、春から夏頃にかけ採算割れが解消されなかった。

二極化の片方、生き残りに強い意欲を示す5万羽前後クラスの農業、個人経営者の創意工夫は自己完結型を促し、今日の六次産業化（生産～1次、加工～2次、販売～3次）実現の主役を果し、養鶏産業は農水・畜産分野での嚆矢《こうし》だった。そして〝量から質〟の分岐点に立って地域重視、消費者サイドとのより深い接触の方向へ舵を切っていった。

この動きの一端を中部経済界の代表企業日本碍子相談役（当時）柴田昌治さんは新聞社のインタビューで「大規模農業（畜水産）は会社が経営すればよい。農家は敢て少量生産、高品質主義で地域の限定したお客さんに売るという勝負をしてほしい」と語っている。

生命科学者の中村桂子さんも主宰するＪＴ生命誌研究館の来館者数、質に関し〝やっぱり大好み〟と題した紙上エッセイで「数で勝負するのでなく、生物学に関心があり、研究の現状を知る場所がないと悩んでいる、一人一人に思う存分楽しんでいってもらいたい」と記述している。

お二人の意、持論の根底は大量生産、大量消費でゆがんだ市場、流通機構の是正を指摘している。

▼廃鶏加工一事例▲

「親どり肉の持ち味はどうしたら引き出せ、納得できるか」、保永真生《ほながまさお》さんは豊橋食鳥協同組合専務として食鶏事業に励む傍ら01年頃から廃鶏の利・活用に強い関心を持ち、辿りついた素材は赤どり純国産鶏〝もみじ〟で、既に一部消費者の間で評価されていた山梨、岐阜、滋賀、京都の生産者と接触。経営姿勢、エサ、飼い方、引き取り日令、安定供給の契約内容を詰めていった。

02年4月、本格的に愛知、三重にも模索の手を拡げつつ、生産農場直売店で「親どりやわらか鶏肉」を発売。地元豊橋市内の小売二店舗に卸すなど売先確保もスタートした。

10年9月、再編新会社㈱ローチーフズカンパニー（豊橋市西幸町《みゆき》東脇）設立と共に代表に就任。ワインメーカーと共同研究でメニュー開発に着手、ローチー、もみじ鶏シリーズを軌道に乗せ、13年夏には持ち帰りの直売店「鳥長三代」をオープン、通信販売機能に合せ販路拡充を果している。

※1　親どり、親メス、老鶏（ローチー）、ときに成鶏肉の呼び方で、産卵終了後の可食部分の使い途は一部肥・飼料化を除いて家庭用（小売り）、業務用（料理店、テーブルミート）に大別される。加工向けは増量剤（ミンチミート）としてハム・ソーセージ、冷凍、レトルト食品のほか近年加工専門店でハンバーガー、味付けホルモン、カレー味と彩り豊かだが、ヤキトリ缶詰など原形を重視する活用は専らブロイラーに移っている。特殊な例だがもみじ（足）、とさか、首の皮も輸出や国内一部地方でサシミ、湯付け、煮込み、スープなどとして卓上に載るケースもある。

※2　食鳥処理の平素の規制及び食鳥検査に関する法。鶏、あひる、七面鳥その他一般に食用に供する家禽（平成四年四月一日発効）

ブロイラー、廃鶏共に不可食残滓（内臓の一部、羽、足、頭）はレンダリング（残滓処理）システムで肥・飼料に廻すが、ブロイラーは大規模飼育が多く、殆んどのケースは自前処理。廃鶏は採卵農場から決った廃鶏処理場へ出荷される。

ブロイラーの生産、消費はヒナの自由化（昭和三十七年）の前、同三十年頃からじわじわ活発化。10年後急速な伸びを見せたきっかけは同三十七年のチキン戦争（米国ブロイラーが欧州市場から締め出された）が引きがねになった反動だった。

三章　国鶏《とり》ものがたり

国産肉用鶏（地鶏・銘柄鶏）の輸出が近い将来現実となる。山本洋一家畜改良センター前兵庫牧場長（現岡崎牧場長）、竹内正博㈱イシイ社長両氏の理論から受けた卒直な感想だ。

〈山本洋一私案〉

▼世界共通のラベル（ワールドブランド）流通へ▲

作家司馬遼太郎の作品「国盗り物語」は、一介の油売り斉藤道三が美濃（岐阜県の主要部）一国を手にして、娘婿である織田信長とのからみを縦糸に、群雄割拠の戦国時代を横糸として描かれた評判作品（,94年近代日本の百冊に選ばれている）で、主題の一部に不可能を可能にした人為、命運が編まれている。

日本食鳥協会の命題も不可能へ挑むとしてその題名を「国鶏《とり》ものがたり」（08年）として発刊、国産肉用鶏の存在意義を叙述、中でも地域の特徴を活かした地鶏・銘柄鶏の生産販売を促し、振興することは日本独自の食文化、消費者ニーズに応え、維持する重要課題だと指摘、兵庫牧場が中心として進める特色ある肉用鶏の作出に期待し、平成二十四年に「全国地鶏銘柄鶏ガイドブック２０１１」をまとめ全国関係先に配布した。

▼手頃な価格で上級な味覚▲

若どり（ブロイラー）を中心とした国内肉用鶏出荷羽数のシェア1％以下（地鶏特定ＪＡＳ・※1）と４～５％（銘柄鶏・※２）の現状から単純に推測すれば輸出の可能性は殆んど考えられないが、山本理論による近年の研究実績と方向即ちハード面①種鶏改良②飼育技術・環境③動物福祉（快適性に配慮した家畜の飼育管理）への配慮、ソフト面での①食の安全②処理と加工に工夫を凝らした多彩なメニュー化など技術の開発、改善、向上策によって輸出への燭光が見えてきていることも事実。

さらに可能性促進の一環に、政府は13年12月「農林（畜）水産業、地域の活力創造プラン」を正式決定、20年までに農林（畜）水産物・食品の輸出額を現在の10倍1兆円にするとした点も加えられる。

兵庫牧場が取り組む作出の基本的な考え方は図1にあるが、山本理論がめざす輸出ポイントの筆頭は「手頃な価格で上級な味覚」にある。図中「はりま」「たつの」は在来種―品種・内種（※1）から作り出された銘柄で、フランスの高級ブランド赤ラベル（20％シェア）に匹敵する普及が期待されているが、肉質の違い、味覚による評価（官能検査）が消費者に認められる早道として果物の糖度計に似た指標の確立が急がれている。

同図下部の△各県作出の在来種等――同銘柄鶏・地鶏の内地鶏だけを同牧場の素材から利用、作出した数は80％に達し、所謂《いわゆる》国産鶏種利用のブランド鶏は県・民間・地域段階の独自組合せ

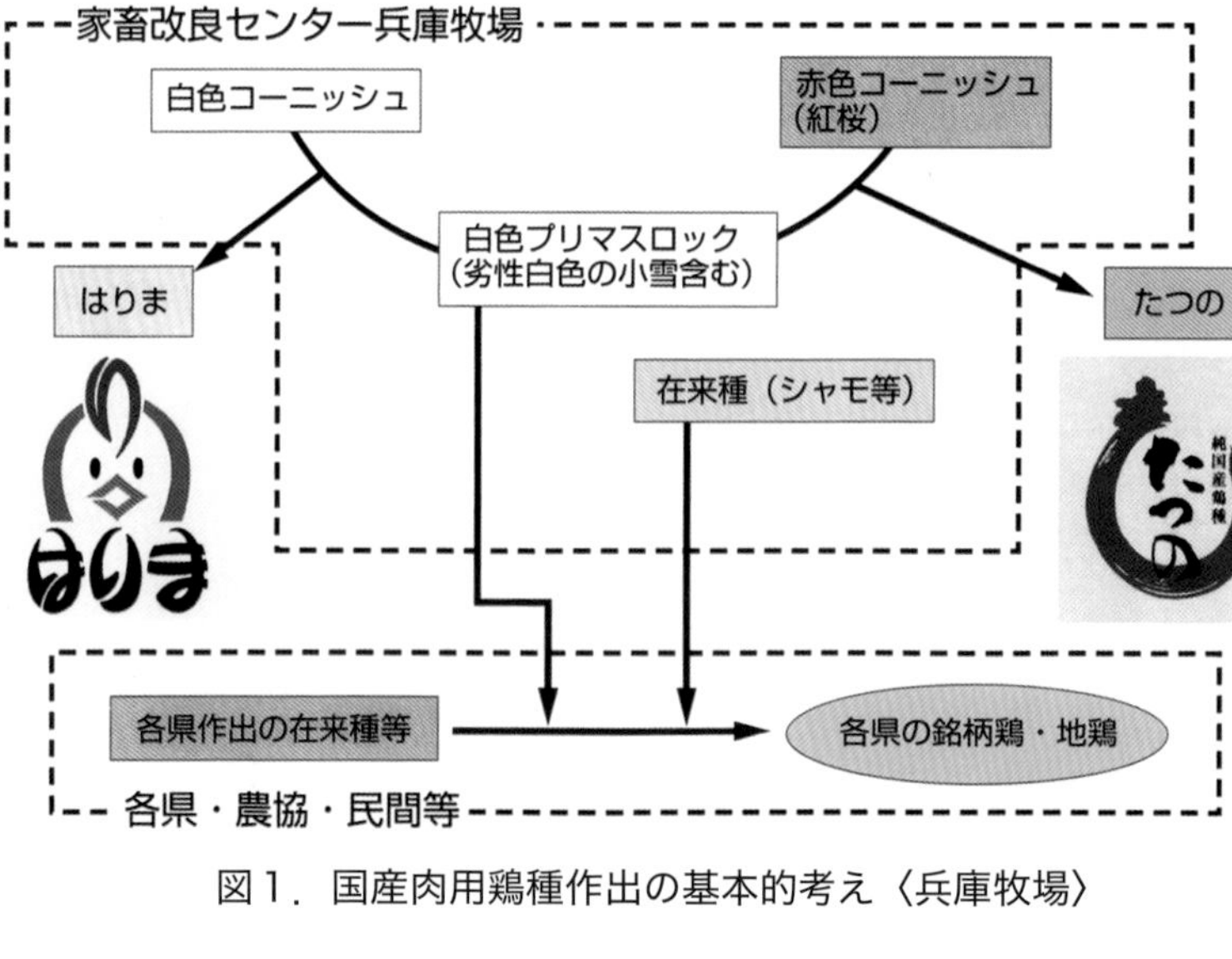

図1．国産肉用鶏種作出の基本的考え〈兵庫牧場〉

を含めると100銘柄以上に及んでいるのも可能性の証左といえる。

育種・改良普及事業は最早一企業、地方自治体の手に負える域を超えており、はりま、たつのをメーンに据えた家畜改良センター、官民、生産、流通、加工販売業者の強い連携によって目的である世界に通用するブランド確立を果し、遂げていくことになる。

▼技術の輸出へ邁進▲

地鶏・銘柄鶏の生産状況（平成二十四年度普及状況）は年間722万羽、都道府県、民間育種会社（ブリーダー）数は39組織。兵庫牧場の年間出荷羽数は406万羽、前年比109・2％で、家畜改良センターが昭和六十年から開発に着手、平成十三年から生産、普及が本格化した「はりま」、五年後の「たつの」の平成二十四年度実績はそれぞれ170万羽、310万羽、これに兼用種８万羽が加わる。統計年次、各セクションごとの集計、バラ付きなどで単純に合計できないが、近年国産鶏生産羽数は微増だが確実に増えている。

山本理論の方向は独自の手法、テクニックによる「技術の輸出」にある。全国地鶏・銘柄鶏生産振興シンポジウムin姫路（平成二十四年十一月）で山本さんは△交配される主な在来品種△地鶏の主な品種交配パターン△兵庫牧場の役割と国内事情を詳述した上で△世界的な鶏肉需要の増大及び需給（10年時）について次のように解説している。

国内の消費傾向はモモ肉志向だが、欧米では圧倒的にムネ肉需要が高く、新品種開発など技術面を含めて効率よく相互利用していき、中国進出の事業先行の主旨もこの点似通っている。中国の現状報告（※3）「中国黄麻鶏（以下黄鶏、有色地鶏・銘柄）の事情調査（平成二十四年十一月発表）」によると食文化、地域性、提供サイズの問題を掘り下げていけば突破口になるとしている。

在来品種との合成種黄鶏は我国国産鶏たつのの小型サイズ（70日〜90日飼育で1.7〜2.3kg）と同タイプで、一般食鶏より若干品質、価格に差別化がなされており、生産・出荷羽数は全体45〜50億羽の30％以上を占めていて、ここ10年ほどの伸びは著しい（家禽全体は130億羽、過去40年間では1000倍になった・※3）

広大な国土故の地域差、事情の違いはあるが山本さんの発表資料には「南部、香港など特別エリアであれば関心を持たれるかも」とあり、そのためにも「新たな発想で事業展開を模索する」必要があると報告にある。

▼肉用鶏定義の提案▲

一昨13年10月、〈山本私案〉国産鶏等をキーワードとした「肉用鶏定義の提案」があり、斬新な発想の事業展開の前提として「国際化のさらなる進展が予想され、国産鶏の多様な品揃え、高付加価値化など重要なキーワードになる中、地鶏・銘柄鶏の新たな定義、名称を検討する時期に来ている」と叩き台が示された。

例として△名古屋コーチン、比内鶏は国産鶏種Ⅰ（在来国産鶏種）ＶＬ《ベリーロング》△たつの、はりまは同Ⅱ（純国産鶏種）Ｌ《ロング》を挙げ、プレミア感、判りやすさを強調したい（ＶＬ雌雄平均80日以上飼育する、Ｌ60～80日）という。

銘柄鶏を定義する上のポイントは①品種・血統②飼育期間の定型化に対し③飼料④飼育方法は多岐、複雑で今後検討する課題だとしている。

名古屋コーチン、比内鶏と阿波尾どり、はかた地どり或いははりまと同認識、同列視の矛盾はこれまで指摘されており、山本私案の新しい概念、提案はじっくり、しかしスピーディーに検討の上、結果が待たれる。

〈注〉15年10月の「鶏改良推進中央協議会、中央情勢報告地鶏肉日本農林規格改正の概要二条」に在来種として会津地鶏、横斑プリマスロック、ウタイチャーンなど38種が掲げられている。

※1　地鶏特定JASは平成十一年六月、日本農林規格告示844号で施行、同十七年十月1513号で改定。在来種由来の血液が50%以上で一定の飼育条件をクリアー。11年版全国地鶏・銘柄鶏ガイドブック（平成二十四年日本食鳥協会発行）に定義されている在来種はエーコク、コーチン、鳥骨鶏、三河種、蜀鶏《とうまる》、土佐九斤《くきん》、会津、伊勢、岐阜地鶏など38種。地鶏は体の大きさ、体型、羽色などに特色があって遺伝的に固定され〝内種は同一品種で冠形、羽色、羽性に差がある〟㈱ゴトウテクニカル「養鶏」から）。

※2　銘柄鶏は地鶏より増体に優れ一般肉用鶏《ブロイラー》に対し飼料、出荷日令、飼い方に工夫を凝らし差別化されている。純粋種は名古屋コーチン、赤かしわ、伊予赤鳥だけで他は交雑〈品種×品種〉だ（家禽学会誌31巻）。俗に三大地鶏と呼称されているのが薩摩地鶏、比内鶏、名古屋コーチンだが、科学的根拠は乏しい。

※3　中国農業部14年3月公表の「全国ブロイラー改良計画（14年〜25年）」には新品種を40種以上作出、国内市場シェアを60%に伸ばしたいと。13年の飼養羽数は87億7千万羽、鶏肉生産量は千217万t、前年比8%増。

竹内正博の動物福祉は第三の経済価値

「農地で耕作を維持することには、収益を上げるという私的利益だけでなく、農村文化や景観を持続させるという社会的意義がある。著者ならばこれを、私的費用と社会的機会費用の乖離《かいり》と呼ぶだろう」（ダニ・ロドリック著、グローバリゼーション・パラドクス〈白水社〉松原隆一郎書評から）。

▼動物福祉無視企業は淘汰▲

１９６０年代、動物福祉・アニマル・ウェルフェア（ＡＷ・快適性に配慮した家禽飼育管理）「五つの自由」（※１）を提案したイギリス方式をもとに現在ＥＵ各国、チリなど南米４ヵ国を含め国際獣疫事務局（ＯＩＥ）でブロイラーの畜舎、飼養管理に関するガイドラインの検討が進められている（竹内正博著「肉用鶏の福祉」）。推進、研究母体はウェルフェア・クオリティ（ＷＱ）プロジェクトで、ＥＵ・ＡＷ総合評価法の開発と呼ばれ、04～09年の総予算は１７００万ユーロ、約25億円（当時のレート140円）。

国内では農林水産省が，93年特定ＪＡＳ（農林物資の規格化及び品質表示の適正化に関する法律）を制定、「鶏肉業界は肉用鶏の福祉制度を行政、獣医師会の協力を得て二年後17年完全実施の方向にあり、世界的問題に直面しているのが現状（同著）」である。「動物福祉を無視する食品企業は消費者の選択によって淘汰、廃業に追い込まれる（ブライアン・マーチャント獣医師～07年ＷＱ利害関係者会議で）。

ＡＷの充実、徹底が経済価値として評価される条件は「五つの自由」②項「疾病からの自由即ちサルモレラ＝ＳＥ、高病原性インフルエンザ＝ＨＰＡＩ、新型インフルエンザに対し現状ブロイラーに比べ高い抗病性が備わっている」からといえる。

そこで竹内さんは現行食鳥検査制度（肉そのもの）に加え鶏福祉評価の基本となる農場検査制度（生鳥そのものと養鶏場設備充実の検証）を設ける必要があると述べている。①鶏舎構造②の１飼育設備②の２形態②の３管理などで、前提に飼養スペースをどう捉えるかも問題提起している。「ＥＵは坪重量、日本は坪羽数の観点」に立っており、日本式による55羽とEU77羽（42kg／㎡）どちらが福祉を考える上から鶏に与えるストレスが多いか、科学的に検討するタイミングにきているのではと。

日本55羽の数式はEU平均体重1羽2kgに対し2.5kg以上出荷とすると坪当たり羽数換算で55〜60羽となり（畜産技術協会編）ブロイラーの飼育好環境はEUを上回っていると判断しているが、竹内さんの問題提起とはいささか趣が異なり、今後の検討課題となる。

▼寡占化、利益なき繁栄▲

以上の課題「ソフト」に対し竹内さんは米欧を中心とした世界のヒナ市場、種鶏動向（鶏肉生産、加工原料）、飼料、輸入鶏肉問題などを「ハード」として取り上げ詳述している。

表1　国別のブロイラー坪羽数比較（推測）

国	坪羽数	生鳥重量	出荷日齢
EU	77羽	1.8kg	38日
日本	55羽	2.8kg	52日

＊EU＝肉用鶏福祉理事会指令の最高飼育密度限度
（42kg × 3.3 ÷ 1.8kg ＝ 77羽

（肉用鶏の福祉）から

卵用鶏（※2）と同じく群雄割拠、国盗り物語をくぐり抜け、21世紀米国タイソン、独国エリック・ウェスジョハングループ、仏国グリモードグループのビッグスリーによる寡占化時代に入り、ブロイラーマーケットはほぼ制圧されている。

種鶏会社・ブリーダー経営の基本は基礎鶏（エリート《E》ストック《S》）1羽から原々種150羽が作出され以下原種7500羽、種鶏37万5000羽、そして一般生産農場で飼育されるコマーシャル（CM）ブロイラー4875万羽の生産となり、事業が成り立っている。

基礎鶏1羽の維持、即ち原種素材確保からCM発生過程までにかかる経費はこれまで公にされたことはないが、表立った工程だけを見ても△育種改良で系統造成、異系統間交配能力検定で実《C》用《M》鶏作出△育種研究開発及び新技術導入・実用化△有用遺伝資源の維持・確保（ジーンバンク）△育種改良業務（改良手法の開発と実用化、遺伝能力〈相性〉調査、素材確保・性能調査）△再投資と利益・積立留保△販促プロモーションとこれらすべてに人件費が伴なっても種鶏1羽の価格は単純に計算して1000円を超えないとされている。世界トップメーカーのタイソンも親会社タイソンフーズの本体事業食肉フーズ利益の一部から成り立っており、独仏両者のグループの一員と同じくブリーダー部門単独ではペイしないのが育種事業寡占化の主たる原因といえる。

▼右手に耕畜連携　左手に人畜感染症▲

利益なき繁栄を続けるブロイラー産業の前途に立ちはだかるのは高病原性鳥インフルエンザ（ＨＰＡＩ）だ。その発生は近年に至るも頻繁に報道されているが、竹内さんは早くから中国、韓国、日本ラインの防鳥対策強化を進めるための日韓相互の協議会設定を画し、数年前「韓国、ホンコン、アメリカＨＰＡＩ対策調査企画案」を日本食鳥協会に提出した。

ＡＩ問題を根底から克服するには①飼料米の生産②抗生物質、抗菌剤不使用の鶏糞を含めた未利用資源開発③有機農産物の生産、販売に関する諸研究が必須だとして、氏はＪＡなど県内関係8団体に呼びかけ「徳島耕畜連携型農業研究会」設立に漕ぎつけた。こうした〝道程《みちのり》〟は終始一貫、肉用鶏事業の経済価値向上に結びつける手法で、ＡＷこそ国産肉用鶏輸出への足掛りとなる最終工程であり「欲しいのは北風でなく南風」だと、言外に語っている。

※１　①飢餓と渇きからの②苦痛、傷害又は疾病からの③恐怖及び苦悩からの④物理的、熱の不快さからの⑤正常な行動ができる各々自由である。

※２　ウエスヨハン社（ドイツ）とＨＧヘンドリック・ジェネティクス社（オランダ）二社の寡占化が続き、日本国内ではウエスヨハン社のジュリア・ハイライン鶏が80％強のシェアを維持している。

ゲノム（生きてゆくために必要な一組の遺伝情報のセット）選抜がもたらす遺伝子技術は日進月歩で、ＨＧ社では〝100週令産卵個数を500個〟の育種アプローチを試み、手の届くとこまで来ていると（12年10月）。アプローチの一端に同社はレイヤー卵用鶏とハイブリットターキー、七面鳥のペアレント選抜を実施している。

05年の統計では世界の鶏卵消費個数は一兆１５００億個、日本はざっと400億個（パック50％、箱玉流通30％、割卵20％）で、一説では中国４６００億個といわれている。

断章

一．鳥インフルエンザウィルスは殺せない

日本の鶏肉業界は行政、獣医師会の協力を得て、肉用鶏の福祉制度に対処していく方向にあり、消費者が求める生鳥、鶏肉の安心、安全を確保するの命題に取組み、重要課題の一つ鳥インフルエンザ（ＨＰＡＩ、Ｎ５ＨＩ・※１）対策に懸命である。

動物福祉と抗病問題は竹内報告「イギリス方式〝五つの自由二項」にも示され、密接な繋がりがあり、鶏病研究会顧問佐藤静夫さんの「ウィンドレス鶏舎（採卵鶏）と鶏病の発生要因、対策（中部日本養鶏研究会平成二十四年度第一回講座）に詳しい。

卵用鶏と肉用鶏の飼育過程、設備は似て非だが、佐藤さん指摘の共通点は△ロットの羽数が大きい△機械的な換気方式による管理の人為的ミス、故障、老朽化、飼育環境の悪化、とくに冬季の換気量低減によって塵埃の増加、アンモニア濃度の上昇△侵入病原体の蔓延△ネ

ズミ、騒音対策が挙げられている。一方ウィンドレス鶏舎の利点は△温度調節、光線管理が容易△飼育羽数（密度）は開放鶏舎の約三倍△省力化、公害対策が可能△病原体、媒介虫が侵入し難い、とありそれでもＨＰＡＩウィールス対策は防御のやり過ぎはない。なぜか「ウィルスは殺すことはできないからワクチンで人が本来持っている免疫力を利用するか△何とか共存していくしかない」と青山学院大学教授の福岡伸一さんはＳＡＰＩＯ08年3月12日号で断じている。

ウィルスが生物か無生物かの学説は生物学者の間でも終止符が打たれていないが、福岡さんは「生物とは絶え間なく分子の入れ替りやエネルギーの入れ替りのある動的な状態にある」と考えている。「ウィルスは呼吸もなく、一切の代謝も行なわない。だから無生物であり防御、殺すこと（※2）はできない」と説明を継ぎ△を提案している。

提案について考えてみる。同誌上で福岡さんは病原性大腸菌Ｏ《オー》－157を例に「もともと誰の体の中にもいる大腸菌も一定の条件（※3）環境の変化を〝与える〟と毒素を排出する凶悪な菌に進化する」から共存するには病変、進化する条件、環境づくりを避けることだと。

高病原性鳥インフルエンザ（ＨＰＡＩ）の場合考えられる進化、凶悪化の原因は△人の移動△人と動物の交流、接触によって「新しい進化の実験場を与えることがある（同誌から）」

そこを何とかして共存の道を辿れないか、というわけでこの福岡説には経済優先の何項目かは最小限に止める〝とき〟に来ているのではとの含みが感じられる。

※1　A型、属名・H5N1、H3N2、H1N1、H9N2などは亜型。株名でなく、病名はインフルエンザウィルス感染症（中部日本養鶏研究会平成二十三年度交流促進会・研究講座テキスト「H5N1インフルエンザウィルスの猖獗《しょうけつ》を絶つには」喜田宏北海道大学大学院獣医学研究科教授の講演から）。なおA、B、Cの大きく分けて三つの型があり、人間で流行するのはA型とB型。Hはヘマグルチニン16種類、Nノイラミニダーゼ9種類。

※2　ウィルスの核酸に放射線や紫外線を当てて破壊することは可能だが、それは砂粒を一つずつ壊すようなもの。抗生物質のように代謝活動を遮断するような薬物は一切効かない。私（福岡伸一）の生命観から言えば、ウィルスは「無生物」であるが、決して「悪者」ではない（同誌から）。

※3　新しい抗生物質は暫らくは効果があるがやがて耐性微生物が現れ瞬く間に広がる。急速に耐性が広がるのは、微生物間を飛び回る遺伝子の断片が存在するからで、人間に悪でも細菌には新しい環境へ適応力を付与してくれる良い存在となる。鳥インフルエンザウィルスは密集して飼っている状況で発生。ウィルスにとって最適な進化の実験場。ウィルスは他のウィルスと出合った時に性質を融合することがある。

鳥インフルエンザウィルスが怖いとされるのは鳥を殺すウィルスの特徴と、人間に感染しやすいウィルスの特徴が融合され、危険な病原体になることが想定されるからだ（同誌から）。

・・・

インフルエンザ対策誤らせた迷信　喜田　宏（北海道大学名誉教授）

1．新型ウイルスは鳥ウイルスが変異を起したものである。
2．H3N2ウイルスがヒトの間で40年間維持されているので、新型ウイルスが出現する時期に来ている。
3．H5N1ウイルスが次の新型ウイルスである。
4．高病原性鳥インフルエンザウイルスは、殺人ウイルスである。
5．スペインインフルエンザウイルスは4千万人以上の命を奪った。
6．新型インフルエンザウイルスは病原性が強い。
7．ヒトのワクチン株は、ヒトから分離されたウイルスでなければならない。
8．ワクチン接種の目的は、感染を防ぐため。
9．新型インフルエンザ対策は毎年の季節性インフルエンザ対策とは別。
10．プレパンデミック、パンデミックと季節性インフルエンザワクチンを別の製法で（中部日本養鶏研究会平成二十三年度交流促進会・研究講座テキストから）。

二．ワクチン解禁の是非

禁止か使用かの論議は06年1月の農林水産省と日本鶏卵生産者協会の合意で「一歩前進」はしたが、解禁を求める協会は「ハードルが高い」と全面使用認可を訴え続けている。

各々の論拠は清浄、非清浄国の状況判断、データなどの解釈、主張によって噛み合わず、自己に有利な点をより強調の余り、一般からは見えにくい。しかもＡＩ対策はワクチン使用以外考えられないとする生産関係者も卵用鶏と肉用鶏の間では残留問題（※1）で是非が両分されている。

問題点を整理、解明する一つのヒントとして禁止反対派は①ワクチンは本来予防接種に使うものだ、とし②拡大防止のため接種する、がポイントになる。

一方禁止賛成派は「殺処分で清浄化ができる。ワクチンを使えばウィルスが常に存在する非清浄国とみなされ、清浄国へ鶏肉輸出できなくなり、非清浄国からの輸入は拒めない（喜田宏北海道大学教授）」を結論としている。

１９７６年アメリカニュージャージー州の陸軍施設で豚インフルエンザの人から人への感

染が起きていた。フォード大統領はニューヨーク大学名誉教授エドウィン・キルボーンの協力で作られたワクチンを約4000万人に接種した結果、世界的流行・パンデミックに至らなかったが、副作用によって障害を受けた人々から訴訟を起された。

「キルボーンさんは数年前メディアの質問に〝ワクチン接種は最後まで待った方がよかった。でもそうしていたら手遅れだったかも〟と答えていた（09年4月30日毎日新聞論説ノート）」。「歴史からは学べない」とも述懐していた。

※1　ブロイラーなど鶏肉生産者の組織「日本食鳥協会」のAIワクチン使用反対の理由は、投与後36週間（252日）は休薬期間として出荷できないからだ。ブロイラーでざっと60日令、地どり類でも100～120日令で出荷。それはワクチンに含まれる抗原性補強剤「混合オイルアジュバンド」が鶏体から消えて、残留しなくなる期間。なお、毎日新聞紙上で「鳥インフルエンザのワクチン接種（は）、感染自体防げない」と現時点（05年10月31日）養鶏農家、業界をはじめ国全体の経済や公衆衛生にもマイナスだ、と明言している喜田宏北海道大学獣医学部教授は11年10月、中部日本養鶏研究会で用語の間違いとして「一般に使われる新型インフルエンザウィルスの呼称はパンデミックインフルエンザの誤訳。ヒトに新亜型のウィルスが流行した時が新型。また〝鳥〟は〝家畜〟インフルエンザ感染症とすべき」と指摘。

三、採卵鶏の羽ツツキと動物福祉 ―ISA遺伝学者ピーター・ハントン

養鶏経営の世界的趨勢は大規模化、高密度飼育化にあって、対する抗病問題と動物福祉実施の課題は二律背反、永続的に取組む命題だが、恰好の叩き台としてISA《イサ》社コンサルタントのM・ピーター・ハントンが「採卵鶏の羽ツツキ最近の研究と推奨の総説」をISA・FOCUSニュースレター（14年7月12号）に報告している（同氏はその後退社）。

ツツキ〜嘴行為は羽、尻、頭、頸部そして全身に及ぶケースもあり原因は様々。「管理システムがこれまでの（経済効率優先である）ケージ飼育（※1）から若メスや雌鶏がフリー・レンジ（放飼）に切り換えられ（スペースに）自由が与えられた場合、羽ツツキに影響されやすくなる（同ニュースレターから）」ので羽ツツキは今後の養鶏産業にとって重要課題だ」とM・ハントンは警告している。

ケージ飼育はツツキ弊害が少なく、放飼が鶏にとって一段とその機会が増えるかといえば一概に言えないが、これまでの予防・防止策は、以下次項M・ハントンが示すように多岐に

亘り、養鶏経営の重要な課題といえる。

▼穏やかと激しいツツキ▲

穏やかな羽ツツキは初生雛《しょせいひな》で始まり非攻撃的で、損害はない。激しいツツキは羽を引っ張ることもあり、しばしば羽食を伴う。犠牲となる鶏は背中、尾、排泄肛が剥き出しになり死亡の原因となる。産卵初期の若メスの被害は経営に痛手。両ツツキは別の遺伝子によるとの報告あり。

激しいツツキの原因は多くの要因が関連し鶏令、栄養、遺伝、照度、色（赤系色―血液の赤）、育成期全体の質、ビーク・トリミング（嘴の調整カット）の状態、鶏群密度、敷物の有無と状況、ホルモンの状態、飼育管理システム、鶏を怖がらせる状況・度合いなどが含まれる。

鶏令

鶏令（日令）に関係なく一度ツツキが発生すると止めることは難しく、鶏令が進むにつれ酷くなる可能性があり、防禦、拡大防止対策が必要。

栄養

栄養不良から起きている可能性を探る研究からマグネシウム、ナトリウム、亜鉛の欠乏が要因とされていたが、現在は別の欠乏栄養素はリジン、食物繊維のレベルを上げることによって羽ツツキの発生を減少させることができるとの報告がある。鶏の羽には比較的高いレベルの繊維が含まれている。

光線

暖かい暗闇の場所（育雛舎）を提供することで激しい羽ツツキを劇的に減少させ、育成若メスの羽装状態を向上させることができたとの報告がある。照度を下げることはコマーシャル鶏（実用鶏）群において有効な防禦策だが、動物福祉的には望ましくない。

飼育密度

床に10羽／㎡以上（平飼いの場合）飼養は羽ツツキのリスクが高く、コロニー（集団）のサイズが大型化するほど発生傾向が増す。コロニーサイズはケージ飼いにおける羽ツツキの発生にも影響し、小さいサイズほど良い。

敷物

敷料の材料は稲わらや木くずが好ましく、乾いて砕けやすい状態を保つことで平飼い育成舎・鶏舎の羽ツツキを最少限にとどめられる。

ビーク・トリミング

嘴切断は羽ツツキを抑制するための主要な方法だが、常に効果的とは言えない。

羽装の減少は鶏の必要エネルギー量を増加させ、飼料効率を低下、羽ツツキが排泄肛やカンニバリズム（共食い習慣）まで進むと斃死《へいし》率が大きく上昇する。

経済性

遺伝

初期の羽ツツキに関する研究により系統、家系、個体の感受性に遺伝的差異の在ることは明白。北欧諸国がビーク・トリミングを行わない非ケージ鶏卵生産へと動いたとき、全鶏卵生産の95％が白色レグホーンへと変った。白色卵系統は褐色卵系統に比べ羽ツツキの発生が少ない。しかし環境的な要因もあり、遺伝学的には適用しにくい分野でもある。ヘンドリックス・ジェネティック（H・G）社とISAはこれまでも、これからも、これら開発作業に大きくかかわっていく。

※1　二羽以上の雌鶏を狭いケージやペンに収容すると上位鶏が下位鶏をつついたり、死亡させることがある（二羽以上ならケージもツツキは発生し得る）。種鶏群の雄鶏間にも順位性があり、上位鶏は交尾回数が多く、遺伝率は20～30％である（㈱ゴトウテクニカル「養鶏」から）。

第二部

日本鶏資源保存・発掘

一章　日本鶏って何？

都築政起

皆様、「日本鶏」ってご存知ですか？そもそも「日本鶏」という漢字、これをどう読むか御存知でしょうか？答えから申しますと、これは「にほんけい」と読みます。ところが、この読み方、一般にはほとんど知られていません。畜産学が専門の大学教授でさえ、その研究対象が哺乳類である方は、「にっぽんどり」とか「にほんにわとり」とか読まれたりする程です。

日本鶏とは、文字通り、日本で作られたニワトリ品種のことです。日本には現在約45のニワトリ品種が存在します。ところで皆様、世界中にはどれほど多くのニワトリ品種が存在すると思われますか？これの正確な調査はなかなか難しいのですが、信頼できる書物や論文等から判断しますと約260です。また、必ずしも信頼できるとは限らないインターネット情報も含めて判断しますと約460です。世界は広いので、もっと多くの品種が存在する可能性はあります。筆者は世界中を飛び回って正確な数の調査を行いたいとはかねがね思っているのですが、予算と時間の面から実際上無理でありましょう。上で書きましたように、切りの良い数字で言えば、世界中には、少なく見積もって約250、多く見積もって約450のニワトリ品種がいます。一方、日本には約45の品種がいます。皆様この数字、凄いと思われませんか？この小さな日本列島一国で、約200の国が存在する全世界の約10－20％に相当するニワトリ品種が作出されています。正に我が国は「ニワトリ王国」と申しても過言ではないと思われます。

以上述べましたように、日本鶏にはこれほど多くの品種が存在するのに、これも上で述べましたように、何でその存在があまり知られていないのでしょうか？それは日本鶏はその用途が主に観賞用だからではないかと思います。昨今の日本においては、どこでもここでもニワトリを飼うわけには参りません。鳴き声がうるさいと言ってすぐ怒られてしまいます。そこで、愛好家の方々はひっそりと、なるだけ人目に付かず日本鶏を飼育することになります。それは、イコール、世にあまり知られない、ということになってしまいます。また、ヒトは利に敏い生き物ですので、直接的に利益を生む卵用のニワトリ、肉用のニワトリであれば、それらに注意を払いもしましょうが、観賞用となるとあまり注意を払わないことも、日本鶏がほとんど知られていない一因であろうと思われます。また、通常の教科書に登場するのも、卵肉採取のために作られたレグホーンやプリマスロックといった欧米原産の品種が主であることにも起因すると思われます。

二章　日本鶏の来歴

さて、前述のように世界に冠たる日本鶏ですが、どうやって出来てきたのでしょうか？ここではそれを説明してみようと思います。（ここまで、「です、ます」調で書いて来ましたが、以降は、「だ、である」調で参ります）。そもそも太古の日本列島にはニワトリは存在しなかった。現在存在する日本鶏の元となるものは主に朝鮮半島経由で大陸からもたらされたと考えられている。一部、南西諸島経由でもたらされたものもあると推測される。発掘調査報告によると、最も古いニワトリの骨の出土例は弥生時代後期とのことである。尚、1例のみ縄文時代晩期遺跡からの出土例があるものの、真にその時代のものか後の時代のものの混入によるものなのかその真偽がハッキリしないとのことである。

日本鶏の来歴を簡略に纏めると次のようになる。

①弥生時代、現在「地鶏」と呼ばれる品種の祖先が日本列島のあちこちに存在したと推測される。また、それらは、現在の「品種」のような形態的な統一性はもたず、種々雑多な形態を示すトリ達であったと考える方が妥当であろう。

②次いで、平安時代に遣唐使船によって小国鶏（ショウコクケイ、単にショウコクと読むことがほとんどである）の祖先がもたらされたと考えられている。

③時代は下り、江戸時代の初期、徳川家康が行った朱印船貿易により、現在の大軍鶏（オオシャモ）、矮鶏（チャボ）および烏骨鶏（ウコッケイ）の祖先が、それぞれタイ、ベトナムおよびインド（もしくは中国）からもたらされたと考えられている。オオシャモの「シャモ」という名に関してであるが、タイの当時の国名はシャムであるので、シャムから来たトリということで、シャム、シャム、シャム、シャム言っていたら、いつの間にかそれが訛ってシャモになった。また、チャボについては、ベトナムのチャンパから来たトリということで、チャンパ、チャンパ、チャンパ、チャンパ言っていたら、それが訛ってチャボになった。これら、筆者の冗談ではなくて真面目にそのように考えられている。烏骨鶏の「烏」はカラス、すなわち黒を意味する。すなわち、ウコッケイは黒い骨をもったニワトリということになる。この名前、上手に付けたものである。ウコッケイは肌も黒いが、解剖してみると、確かに骨の表面も黒い。また、内臓表面も黒っぽい。

④江戸時代、1639年を境に、日本国は鎖国政策をとった（正確には海禁政策というらしいが）。この鎖国の期間中に我が国固有の文化が沢山生まれたのであるが、その中にニワ

トリ文化もあった。すなわち、ニワトリ好きの人々の手によって、弥生時代から江戸時代初頭までに我が国にもたらされたニワトリ達が色々に交配された。この人たちが偉いのはここからである。いろいろな交配を行って雑種を作ったに留まらず、そこから色々な方向に遺伝的純化を行っている。現代の観賞用日本鶏品種のほとんどが、江戸時代の終わり頃までに少なくともその原型は整えられていたと考えられている。また、これらの品種の多くが世界的に見ても珍しいということで、15品種と2グループが現在国の天然記念物に指定されている。15品種とは、小国鶏、矮鶏、烏骨鶏、声良鶏、比内鶏、蜀鶏、蓑曳鶏、河内奴鶏、黒柏鶏、土佐のオナガドリ、東天紅鶏、蓑曳矮鶏、鶉矮鶏、地頭鶏および薩摩鶏であり、2グループとは、軍鶏グループ（大軍鶏、八木戸鶏、大和軍鶏、金八鶏、小軍鶏、南京軍鶏、越後南京軍鶏）および地鶏グループ（土佐地鶏、岐阜地鶏、三重地鶏、岩手地鶏）である。

⑤さて、幕末から明治維新、さらにその後にかけて、日本には欧米からの文物が一気に流入した。その中にニワトリも存在した。欧米から、卵肉の採取を目的とするニワトリ品種が輸入された。この輸入された品種の純粋利用ももちろんあったであろうが、その一方で、我々日本人の祖先は面白いことを行っている。明治時代以降は、江戸時代までのような観賞用品種の作出は顧みられなくなり、我が国においても専ら卵肉目的の品種が作出されるようにな

ったのであるが、この作出においても先人たちは、輸入された海外のニワトリ品種とそれまでに我が国で作出されていた品種を交配し、そして純化して我が国独自の卵用鶏、肉用鶏品種を作り上げている。この時期に作出され、現在まで残っている実用鶏品種には、名古屋（ナゴヤ）、土佐九斤（トサクキン）、熊本（クマモト）などがある。

明治時代以降、第二次世界大戦前頃までこのような動きがあったと考えられるが、昭和時代の終わり頃から、ニワトリ作出に関しまた新たな動きが起こっている。本書のタイトル「養鶏に新時代が来た」とも深く関連する動きである。これについてはまた後述する。

三章　日本鶏品種各論

前節では、日本鶏の来歴について述べたが、ここでは各々の日本鶏品種の特徴について、その概略を説明しようと思う。さて、どの品種から説明するか。日本鶏をグループ分けしようとする際、色々な方法が考えられる。天然記念物か、そうでないか。体格が大きいか、小さいか。尾が長いか、長くないか。渡来鶏か、それを元にして作られた品種かどうか。などなどである。どのような範疇分けで説明するか悩むところであるが、やはり前節で述べた来歴に従って述べるのが頭の中が一番整理しやすかろうと思うので、原則来歴に従って述べることにする。

現存する日本鶏品種の中で最も古い歴史をもつものが「地鶏」である。ただし、「地鶏」は複数の品種の総称であって、品種名そのものではない。現在、その品種名に「地鶏」の呼び名が付くものに、土佐地鶏（トサジドリ）、三重地鶏（ミエジドリ）、岐阜地鶏（ギフジドリ）、岩手地鶏（イワテジドリ）、吐噶喇地鶏（トカラジドリ）、龍神地鶏（リュウジンジドリ）、徳地地鶏（トクヂジドリ）、会津地鶏（アイヅジドリ）、佐渡髭地鶏（サドヒゲジドリ）、愛媛地鶏（エヒメジドリ）、対馬地鶏（ツシマジドリ）がある。また、地鶏の名称はもっていないものの、芝鶏（シバットリもしくはシバトリ）は実質上地鶏であると言われている。

これらの内、土佐地鶏、三重地鶏、岐阜地鶏、岩手地鶏は国の天然記念物に指定されている。ところがこの内、岩手地鶏は、天然記念物に指定されているものの、多くの日本鶏愛好家は、この品種を地鶏として、また日本鶏品種として認めていない。また、同様に、会津地鶏も、多くの愛好家から、地鶏としてはもちろん日本鶏品種としても認められていない。筆者は、会津地鶏は（岩手地鶏も）日本鶏品種として認めるに値するものであると思うが、DNA解析結果からは、会津地鶏は遺伝的に小国鶏に極めて近く、いわゆる地鶏の仲間ではないことが判明している。徳地地鶏についても、これを真の地鶏とする日本鶏愛好家と、これは土佐地鶏と東天紅鶏の雑種から比較的新しく作られたマガイモノであるとする者の二者が存在する。対馬地鶏は、その体型が明らかに中国大陸系の肉用タイプのニワトリのそれ（重厚な体型）を示し、地鶏体型（軽快な体型）を示さないため、日本鶏の地鶏の範疇には明らかに入らない。龍神地鶏は、比較的近年になってその存在が知られた品種であるが、その体型および集団がもつ斉一性からみて、地鶏と呼んで良さそうである。また、トカラ地鶏もその形態および斉一性から地鶏と読んで良さそうである。佐渡髭地鶏については、日本鶏愛好家の方達からは、地鶏とみて良いという意見と、いや地鶏とはみなせないという意見の双方を聞く。筆者は、どちらの意見が支持できるか、ＤＮＡ解析に基づいて明らかにしたいとかねがね思っているが、必要数のサンプルが入手できない。それほどまでに本品種の個体数は少ない。愛媛地鶏に関しては、これを純粋品種として評価する日本鶏愛好家はまず存在しない。尾が直立気味であるために、矮鶏との雑種ではないかという疑義がもたれている。

話が後先になったが、「地鶏」とは何かという問題がある。絶対にこうであるという学術的定義は存在しないが、敢えて定義するなら、「その祖先が少なくとも弥生時代から日本列島に存在した品種であり、今日まで、小国鶏との交雑を経ずして存在している品種」とでもなろうか。しかし、記録が残っている訳ではなし、弥生時代等の太古の昔に、品種としての純粋性を確立・維持しようとするような考えも社会的余裕もなかったであろうから、現在みられるような形態を備えたものがずっと安定的に維持されて来たとは考えられない。世の中が比較的あるいは相当に安定した（裕福になった）、あるいは学問も発達した、明治時代以降、特に第二次世界大戦以降になって、現在のそれぞれの地鶏品種がもつ外貌に整えられたと考えるのが妥当であろう。

地鶏と名がつく品種は先に述べた通りであるが、ここに取り上げていないにも関わらず、昨今の日本社会では、薩摩地鶏、比内地鶏などという語がしばしば聞かれるようになった。純粋品種として、薩摩地鶏や比内地鶏というものは存在しないので、読者諸賢は、決してこれらを地鶏であると誤解しないで戴きたい。これらは、純粋品種である薩摩鶏や比内鶏と外国由来の商用鶏との間の雑種（商用流通鶏）に付けられた名称であり、決して学問的名称ではない。しかし、学問を揺るがすような恐るべき状況が既に起こりつつある。昨今、商業上、薩摩地鶏、比内地鶏および名古屋コーチンの3つが、日本三大地鶏と呼ばれるようになってきた。一方、学術上の真の三大地鶏とは、土佐地鶏、三重地鶏および岐阜地鶏の三者である。大学の家畜関係の学問分野にいる教授の中にも、商業上の三大地鶏が真の地鶏であると思い込み、学術的な三大地鶏が真の三大地鶏であることを知らない者が出現しつつある。観賞用の純粋日本鶏そのものが質素な存在である一方で、日本鶏を利用して作出した商用鶏をあまりに宣伝しすぎるのも困ったものであり、学問を壊す可能性を孕む嘆かわしい状況であると言える。

また、「地鶏」の漢字に対して、その読みはジドリ（トがドと濁る）が用いられている。ワープロの漢字変換の際にも、「ジトリ」と入力しては「地鶏」の漢字は出てこない。しかし、この読みは、本来学問的に規定されたものではないようであり、一部地域の日本鶏愛好家が用いていた読みが定着し、現在広く用いられているものの様である。一方、筆者（土佐出身）は、子供の頃より「ジトリ」（正しくはヂトリ…後述）の読みを用いて来たし、筆者の周りの大人たちも皆「ヂトリ」の発音を用いていた。ジドリと、「ト」に濁点を付けた発音は極めてしづらい。ジトリという発音の方が楽である。筆者は「ジトリ」と「ト」の音が濁らない発音を推奨したい。尚、「ジトリ」か「ヂトリ」かという表記の仕方の問題であるが、日本語の本来を考えると、「ジ」ではなくて「ヂ」が正しいハズである。「地鶏」の「地」は「地面」の「地」、「地面」はすなわち「大地」。「大地」の読みは「ダイチ」であって、「ダイシ」ではない。さすれば、「地」の読みが濁った場合には、「ジ」ではなくて「ヂ」であることは自明の理である。しかしながら、現在の学校教育において、「地面」の「地」は「ジ」としなさいと国家レベルで決めれている。よって、「地鶏」の「地」を「ジ」と書くことは仕方ないとしても、「鶏」は「ドリ」とは濁らず、「トリ」と発音することに筆者は拘りたい。また、本来「地面」の読みが「ヂメン」であったものが何で「ジメン」に摩り替わったのか？これは、かつて国語学者に聞いたところに依ると、昔の日本人は、「ヂ」と「ジ」の発音の仕分けをすることができた。ところが何時の頃からか「ヂ」の発音ができなくなり、「ジ」の発音のみが残った、それで表記まで「地」の濁音を「ジ」とするようになったとのことであった。ところが、土佐の国（高知県）では、この「ヂ」と「ジ」の発音分けが近年（筆者の世代、あるいは少なくとも筆者の親達の世代）まで普通に残っていた（現代社会では、もう消え失せたと思われるが）。それで筆者も、筆者の周りの大人たちも、「地鶏」は「ジトリ」ではなく、「ヂトリ」と発音していた次第である。

では、以下、いよいよ、地鶏類から始めて、日本鶏品種の各論に入りたいと思う。尚、文章中に体重の記述が出てくる場合、それは主に、全国日本鶏保存会が出版（１９９７年）している、『日本鶏審査標準』に依っている。ただし、この書（その体重）が、我が国における日本鶏の統一的標準を必ずしも示している訳ではないことにはご留意願いたい。我が国には多くの日本鶏保存会が存在し別個に活動している。すなわち、真に日本全国的な統一的保存会が一つのみ存在する訳ではなく、全国日本鶏保存会も数多い保存会の内の一つに過ぎない。しかし、数多く存在する保存会の中で審査標準を成書として出版しているのはこの会のみであるため、それを引用する次第である。時と場合によっては、別の審査標準（標準体重）が存在することがあっても一向に構わないと筆者は考えている。また、以下の品種の説明中に、「主な生息地」という文言が出てくる場合があるが、この文言は、文献や通説等からもその品種の原産県を一つに絞り切れない場合に用いている。また、以下に述べるニワトリの品種名の漢字表記には原則「鶏」の字が付いているが、慣例として、必ずしもこの漢字を読むとは限らないことも付記しておきたい。以下には通常の呼び名を記すことにする。

さらに、もう一つ付記したい。以下に述べる品種のうち、三河を除くすべての現物を、その羽数の多寡はいろいろであるが、筆者は実際に少なくとも見たことがあり、文献だけから物を言っているものは一つもない。また、三河、越後南京軍鶏、雁鶏、出雲、対馬地鶏および熊本を除く他の品種については、飼育羽数や飼育年数はまちまちであるものの、子供の頃から今に至るまでに、全て実際の飼育経験があるし、そのほとんど全てを、今現在、「広島大学・日本鶏資源開発プロジェクト研究センター」において飼育・繁殖・維持している最中である。また、提示してある写真は全て筆者がシャッターを押したものであり、他から拝借したものは一つも無い。

一．「地鶏」の呼称をもつ品種

【土佐地鶏（トサジトリ）】（高知県原産…天然記念物　昭和十六年指定）

地鶏類のなかで最も小型の品種である。そのため、土佐小地鶏（トサコジドリ）と呼ばれる場合もある。成体の標準体重は、雄０・６７５kg、雌０・６０kgである。古老の言によると、かつては、赤笹羽装の他に、白笹羽装、白色羽装、猩々羽装、碁石羽装等々、色々な内種が存在したようであるが、現在は赤笹羽装と白色羽装の２内種のみが存在する。また、現在の土佐地鶏は、単冠、赤耳朶、黄脚（きあし）に統一されているが、かつては白耳朶や鉛脚（なまりあし、もしくは、ゴミあし）をもつ個体も存在したようである。掲載写真は、赤笹内種の雄（左）と雌（右）。

土佐地鶏

【三重地鶏（ミエジトリ）】（三重県原産…天然記念物　昭和十六年指定）
土佐地鶏より大きく、成体体重は雄1・8kg、雌1・35kgである。猩々羽装をもつ。そのため、別称として、猩々地鶏の名ももつ。本品種は、単冠、赤耳朶、黄脚を示す。尚、この単冠は、表面がザラザラとしていることが品種の特徴として必用とされている。また、本品種には、古来より「赤腹」の別称がある。赤腹とは、腹の皮膚が赤いという意味である。通常のニワトリの皮膚は、白色（肌色）もしくは黄色である。通常、肌の色が赤いのはシャモの仲間に限られる。三重地鶏の腹の皮膚が赤いか否か、実際に調査してみたところ、確かに腹および胸の皮膚色が赤い個体が存在した。ただし、全ての個体がこの特徴を示す訳ではなく、雄個体の一部のものに限られていた。また、腹および胸が赤色を示す雄個体でも、背側の皮膚は白色であった。

三重地鶏

【岐阜地鶏（ギフジトリ）】（岐阜県原産…天然記念物　昭和十六年指定）
三重地鶏と同程度の大きさであり、成体標準体重は、雄1・8kg、雌1・35kgである。

雄は赤笹羽装を示すが、雌には、赤笹（梨地）羽装（e^{+}／e^{+}）のものと柏羽装（e^{y}／e^{y}）のものとの二者が存在する。掲載写真の雌は、赤笹羽装と柏羽装の中間的（e^{+}／e^{y}）な羽装を示している。

【岩手地鶏（イワテジトリ）】（岩手県原産…天然記念物 昭和五十九年指定）

前述の『日本鶏審査標準』には収録されていない。筆者が知る限り、赤笹羽装と白笹羽装の2内種が存在する。耳朶には赤耳朶のものと白耳朶のものの2者が、また脚色にも、黄脚のものと柳脚の2者が存在するようである。筆者が見た個体の体格は岐阜地鶏や三重地鶏と同程度であった。掲載写真は、白笹内種の雄（左）と雌（右）。但し、厳密に言うと、本写真の、雄の襟羽および肩羽の色、雌の頭部から頸部にかけての色合いは、純然たる白笹羽装のそれとは異なっている。

岐阜地鶏

【芝鶏（シバットリ、シバトリ）】

（新潟県原産）

本品種名の発音は、成書によればシバットリとなっているが、実際に新潟県の芝鶏愛好家と話した際にはシバトリと発音されていた。現在の本品種は、猩々羽装を示し、単冠、赤耳朶、黄脚をもつが、赤笹羽装が本来であるという話を聞いたこともある。筆者に真偽の程は分からないが。猩々羽装芝鶏は前述の三重地鶏に酷似しており、両者が同一の場所に飼育されていた場合、見分けるのは困難であると思われる。筆者が飼育しているものを比べると、芝鶏の雌は、三重地鶏の雌よりもその体型が丸みを帯びている。

成体標準体重は、雄1・5kg、雌1・2kgである。尚、掲載写真の雄（左）の尾羽は換羽の途中であり、完全な状態ではない。

岩手地鶏

芝鶏

【愛媛地鶏（エヒメジトリ）】（愛媛県原産）

『日本鶏審査標準』には収録されていない。独立した品種として正式の論文でも紹介されているが、尾が直立気味であることから、矮鶏の雑種であるとの見方も根強い。単冠、赤耳朶、黄脚をもつものが多いが、羽装には、赤笹を始め、白笹、五色その他、さまざまなものがある。また脚色にも、柳脚や白脚のものが存在するようである。体格は土佐地鶏と同程度である。掲載写真の雄（左）は五色羽装を示している。雌の羽装は、赤笹羽装と柏羽装の中間的な色合いを示している。

愛媛地鶏

【吐噶喇地鶏（トカラジトリ）】（鹿児島県原産）

『日本鶏審査標準』には収録されていない。羽装は赤笹であり、単冠、赤耳朶、黄脚をもつ。筆者がこのトリを最後に見たのは１９８９年であるが、現在は絶滅してしまっている可能性が大である。体格は岐阜地鶏や三重地鶏と同程度であったと記憶している。尚、掲載写真の個体は、換羽期にあったために、整った羽装を示していない。

【対馬地鶏（ツシマジトリ）】
（長崎県原産）

『日本鶏審査標準』には収録されていない。世間にほとんど出回っていないため、筆者も2度しか現物をみたことがない。

筆者が見たものは、猩々羽装のような羽装をもち、雄の襟（頚羽）と蓑（鞍羽）が黄金色を想わせるような黄褐色であった。単冠、赤耳朶をもっていた。また、頬および喉にヒゲを有していた。脚の色については記憶が定かではない。掲載写真から判断すると、黄脚もしくは白脚を有すると思われる。正確な情報がなかなか得られないが、雄成体の体重は3・3－3・5kg、雌のそれは2・2－2・8kgと聞き及んでいる。

吐噶喇地鶏

対馬地鶏

【佐渡ヒゲ地鶏（サドヒゲジトリ）】（新潟県原産）

芝鶏と同様に、猩々羽装、単冠、赤耳朶、黄脚をもつが、芝鶏とは異なり、頬と喉にヒゲを有する。簡単に言えば、芝鶏にヒゲを生やしたような品種であるが、愛好家は、芝鶏と佐渡ヒゲ地鶏は遺伝的に近くはないと考えているようである。筆者は、芝鶏と佐渡ヒゲ地鶏の遺伝的類縁関係をDNAレベルで調べてみたいとかねがね思っているが、両者とも極めて数が少なく、研究に必要な個体数を揃えることが困難である。標準体重は、雄1・9kg、雌1・5kgである。尚、先に、羽装は猩々であると述べたが、筆者が新潟県の愛好家から分与された猩々羽装の雌雄を交配したところ、白色の個体が出現したこともある。掲載写真は猩々内種の雄。

佐渡ヒゲ地鶏

【龍神地鶏（リュウジンジトリ）】（和歌山県原産）

『日本鶏審査標準』には収録されていない。土佐地鶏より一回り大きな品種であり、成体体重は雄1・2kg、雌1・0kg程度である。雄の羽装はいわゆる赤笹であるが、頸羽の先端部に黒を有する点が通常の赤笹羽装とは異なっている。雌の成体羽装は、赤笹（梨地）雌と同じく褐色と黒から成っているが、全身の羽毛の先端付近の辺縁部に黒色の縁取りをもつため、全体として通常の赤笹雌よりも黒っぽく見える。トサカは単冠、耳朶は赤、脚は黄色である。

龍神地鶏

【徳地地鶏（トクヂジトリ）】（山口県原産）

『日本鶏審査標準』には収録されていない。赤笹羽装を示し、単冠、赤耳朶、柳脚をもつ。先にも記した通り、一部の日本鶏愛好家は、本品種は、土佐地鶏と東天紅鶏の交雑を元にして、比較的新しく作られた品種であり、地鶏とは呼べないと言っているが、2001年に、本品種の原産地の徳地において筆者が調査を行った際にも、土佐地鶏（あるいは小軍鶏）のような張りのある胸を示すものと、東天紅鶏型の体型を示すものと2つのタイプが存在した。本品種の品種としての真偽はハッキリしないままであるが、

2015年現在、原産地の徳地では本品種は既に絶滅し、山口県宇部市の愛好家によって少数が保存されているのみである。筆者が見た個体の体格は岐阜地鶏や三重地鶏と同程度であった。

【会津地鶏（アイヅジトリ）】（福島県原産）

『日本鶏審査標準』には収録されていない。小国鶏（後述）と同様に白笹羽装あるいは五色羽装をもち、その体型も体格も小国鶏に類似している。また、本品種の雄は小国鶏と同様に長尾性を示す。一方、小国鶏の雄が地面を曳く長い蓑羽をもつのに対して、本品種雄の蓑羽は通常の品種のそれと同等であり、特に長くはない。さらに、小国鶏が赤耳朶および黄脚をもつのに対し、本品種は白耳朶および柳脚をもつ。体型の小国との類似性ならびに長尾性を示すことから、本品種は、地鶏の名称をもっているものの、明らかに地鶏の範疇からは外れている。また、先にも述べた通り、本品種はDNA解析結果からも小国鶏に近縁であることが判明している。本品種は、小国鶏が現在の姿に改良される

徳地地鶏

前の、日本列島に導入された当時の祖先がもっていた古い形態を保持しているのかも知れない。

二.「長尾性」を示す品種

会津地鶏

以上述べたように、日本列島に、その祖先がもっとも早く持ち込まれたのは地鶏類（真の地鶏であることに注意が必要。品種名に「地鶏」の名が付いていても真に地鶏であるとは限らない）であるが、次に古くその祖先が我が国に持ち込まれたのは小国鶏である。小国鶏の最たる特徴はその長尾性にある。我が国には、小国鶏の他に、長尾性を示す品種には、「土佐のオナガドリ」、「東天紅鶏」、「蓑曳矮鶏」、「蓑曳鶏」、「黒柏鶏」、「久連子鶏」、「会津地鶏」がある。日本鶏以外で長尾性を示す品種は、日本鶏を元に作出された品種（ヨコハマ、フェニックス等）を除いた場合、世界広しと言えども、インドネシア原産の「スマトラ」一品種のみである。すなわち、長尾性は日本鶏がもつ大きな特徴の一つと言うことができる。以下には、小国鶏を始め、小国鶏と似た体型ならびに長尾性を示す品種の説明を行おうと思う。尚、「会津地鶏」については既に「地鶏」の項でその説明を行っているので省略する。また、以下に述べるニワトリの品種名の漢字表記には原則「鶏」の字が付いているが、慣例として、必ずしもこの漢字を読むとは限らないことを付記しておきたい。以下には通常の呼び名を記すことにする。

【小国鶏（ショウコク）】（天然記念物　昭和十六年指定）

地鶏の祖先の次に古くその祖先が日本列島へもたらされたと考えられる品種である。平安時代の遣唐使船に乗せられて我が国にもたらされたと考えられている。平安時代には、皇族、貴族が本品種を闘鶏に用いていたようである。成体雄の尾羽と蓑羽は長く、地を曳く。また、尾羽の配列は通常の品種（地鶏など）と一部異なると共に、尾羽の本数も多く、小国型の配列と呼ばれている。この配列は日本鶏に特異的な

小国鶏

ものであり、かつこの配列をもつ品種は原則的に長尾性を示す。日本には、小国鶏の他に、明らかな長尾性を示す品種が7つ存在するが、それらの成立には多かれ少なかれ小国鶏が関わっていると考えられている。小国鶏は、単冠、赤耳朶、黄脚をもつ。羽装色は白笹がスタンダードであるが、五色（ごしき）および白色の内種がある。また、比較的新しいと思われるが、赤笹、黒色、黄笹の内種も作り出されている。品評会における審査標準では、上述の通り、脚色は黄色であるが、柳色の脚をもつ個体も一部の愛好家によって保存されている。本品種の標準体重は雄2・0kg、雌1・6kgである。掲載写真は白笹内種の雌（左）と雄（右）。

【土佐のオナガドリ（オナガドリ）】（高知県原産…天然記念物　大正十二年指定　特別天然記念物　昭和二十七年指定）

日本のニワトリの中で、いや世界中のニワトリの中で最も特筆大書すべき品種である。雄の尾羽の長さは10mにも、また蓑羽の長さは5mにも達する。これは通常のニワトリが1年に1回行

土佐のオナガドリ

う「換羽」が雄の尾羽と蓑羽においては起こらず、伸長が続くためである。このような品種は他に類例をみない。小国鶏を元に作られたと考えられているが確証はない。ただし、小国鶏と遺伝的類縁関係が近いことは筆者らの研究から間違いない。五色羽装のような羽装がオナガドリ本来の羽装と考えられているが、他に純然たる白笹、赤笹、白色の羽装がある。また、三重県では猩々羽装のものが作出されている他、筆者は黒色羽装および桂羽装のオナガドリも作出している。トサカは単冠、耳朶は白色である。脚色は柳色が標準であるが、白色内種および桂内種では黄色であり、猩々羽装の個体では、柳色の他に黄脚も出現する。黒色内種は黒柏鶏を利用して作出したため、その脚色は黒色（正確には極めて濃い柳色、もしくは柳色を帯びた黒色）である。標準体重は雄1・8kg、雌1・35kg。掲載写真は白色内種の雄。

【東天紅鶏（トウテンコウ）】（高知県原産…天然記念物　昭和十一年指定）

小国鶏や土佐のオナガドリと類似の体型を示すと共に、長尾

東天紅鶏

性を示す。また蓑羽も長い。さらに、雄が時を告げる声の長鳴性も本品種の特徴である。これまでの最長記録は30秒と聞き及んでいる。羽装色は赤笹のみであり、単冠、白耳朶、柳脚をもつ。標準体重は雄2・25kg、雌1・8kg。

【蓑曳矮鶏（ミノヒキチャボ）】（高知県原産…天然記念物　昭和十二年指定）

極めて簡単に言うと、東天紅鶏をぐっと小型にし（雄0・937kg、雌0・75kg）、丸みをもたせたような体型をしている。赤笹内種が原則であるが、白色、白笹、五色、黒色内種も存在する。体格の割りに尾羽と蓑羽が長く、共に地を曳く。品種としての矮鶏の仲間ではないため、混同を防ぐ目的で尾曳（オヒキ）と呼ばれることもある。単冠、白耳朶、柳脚（白色内種では黄色）を有する。尚、本品種の雄の尾羽は本来数十センチの長さであるが、「尾曳」という呼び名に引きずられてか、一部では、尾羽の長さが1mあるいは2mを越すようなものも飼育されている。おそらくは尾長鶏を交

蓑曳矮鶏

配して作出されたものと思われるが、本来の「蓑曳矮鶏」とは異なるものであることに留意願いたい。掲載写真は、白色内種の雄（手前）と雌（奥）。

【蓑曳鶏（ミノヒキドリ）】（主な生息地…愛知県、静岡県　天然記念物　昭和十五年指定）

本品種は、体の前半分は大軍鶏（オオシャモ）のように直立した体型を示し、尾羽と蓑羽は小国鶏のように豊かで長い。トサカは胡桃冠、耳朶は赤色、脚は黄色である。羽装色は猩々が基本のようであるが、他に白笹、五色、白色、赤笹内種が存在する。愛知県の三河地方（足助）が大元の原産地のようであるが、愛知県のものの体格は、岐阜地鶏程度である。現在その数は極めて少なく、愛知県岡崎市で少数が飼育されているのみであり、絶滅寸前である。かつて、足助のトリが、飯田街道（塩街道）により、信州の飯田に持ち込まれ、その後、飯田から遠州（静岡県）に渡り、現在一般に見られる体格（雄2・5kg、雌1・8kg）のものが作出されたようである。掲載写真は、遠州型蓑曳鶏の白笹内種の雄。ちなみにこ

蓑曳鶏

の雄の脚色は、規格外の柳色である。

【黒柏鶏（クロカシワ）】（主な生息地：島根県、山口県　天然記念物…昭和二十六年指定）

小国鶏と似た体格をもち、全身黒色である。その外見から、小国鶏の黒変種とさえ言われて来たが、筆者らの研究で、小国鶏とは遺伝的関係は近くないことが明らかになっている。単冠、赤耳朶、黒脚をもつ。雌では鶏冠および顔面の皮膚は黒色である。一部の雄も若い内の鶏冠は黒色を帯びているが、加齢と共に赤色を示すようになる。東天紅鶏、声良鶏（後述）および蜀鶏（後述）程ではないが、長鳴性ももつ。標準体重は雄2・8kg、雌1・8kgである。

黒柏鶏

【久連子鶏（クレコドリ）】（熊本県原産）

熊本県五家荘久連子地域（現 熊本県八代市泉町久連子）の原産であり、ほとんど世間には出回っていない。尾羽が幅広く長く、また体格・体型的にも一見小国鶏タイプのトリであるが、大きな相違点が存在する。蓑羽の長さは普通であり、小国鶏のように長くないこともあるが、本品種はトサカの形状が全日本鶏中極めて特異である。本品種のトサカは極めて小型のV字冠、もしくは無冠と言ってもよい程小型の、頭部に貼りついた様な、ほとんど突起をもたない形状のものである。筆者らは、DNA解析により、本品種は小国鶏とは遺伝的に近くないことを明らかにしている。標準体重は雄2・0kg、雌1・6kgである。羽装は銀笹である。

久連子鶏

三、「軍鶏」関連品種

以上、小国鶏ならびに小国鶏のように長尾性を示す品種について述べてきた。小国鶏の次に、その祖先が日本列島にやってきた品種は大軍鶏（オオシャモ）、矮鶏（チャボ）および烏骨鶏（ウコッケイ）であると考えられている。尚、大軍鶏の祖先の一部は既に平安時代に渡来していたとの説もある。次には、大軍鶏ならびにその関連品種について述べようと思う。

【大軍鶏（オオシャモ）】（天然記念物…昭和十六年指定）

江戸時代初期に、朱印船貿易の船に乗ってその祖先がタイ国よりもたらされたと考えられている。本品種は、標準成体体重が雄5・62kg、雌4・875kgと大型の品種であり、また体幹が直立していることが大きな特色である。三枚冠（豆冠）、赤耳朶、黄脚をもつが、羽装には内種が多い。本来は闘鶏用の品種であるが、その肉が極めて美味であるため、JAS地鶏作出の雄系として頻用されている。書物に出ている標準体重は上に述べたとおりであるが、飼育地域による差も大きく、体重が雄でも3kg台のものもある。これは中軍鶏（チュウシャモ）と呼ばれることもあるが、品種としては大軍鶏であり、中軍鶏という品種が存在する訳ではない。尚、極少数であるが、単冠をもつ内種があり、「大鋸軍鶏（ダイギリシャモ）と呼ばれる。掲載写真は三枚冠をもつ赤笹内種の雄。

大軍鶏

【八木戸鶏（ヤキド）】（三重県原産…天然記念物）

天然記念物と記したが、正確に言うと、本品種が天然記念物であるか否かは定かではない。大軍鶏が天然記念物であるということは疑う余地はないと思うが、その指定の際の名称は単に「軍鶏」である。通常、軍鶏と言えば大軍鶏を指すので、大軍鶏が天然記念物であることは疑う余地はないと述べた次第である。ところが、他の軍鶏の仲間が天然記念物かどうかということになれば事情は異なってくる。軍鶏の仲間の品種には、この八木戸鶏の他に、大和軍鶏（ヤマトグンケイ）、金八鶏（キンパ）、小軍鶏（コシャモ）、南京軍鶏（ナンキンシャモ）、越後南京軍鶏（エチゴナンキンシャモ）が存在する。単に軍鶏と言った場合には、これらの品種を指すことはない。しかし、金八鶏を除き、いずれも品種名に「軍鶏」の字が付いている。これらを天然記念物とみなすか否か迷うところであるが、ニワトリ愛好家は軍鶏の仲間は全て天然記念物とみなしているのが実情である。よって、上にも天然記念物と記した次第である。以後、本稿では、軍鶏の仲間の品種は全て天然記念物であり、そ

八木戸鶏

の天然記念物指定年も全て同じであるという立場を取ることにする。

本品種は、大軍鶏と同様の体型を示すが、大軍鶏よりも小さく、標準成体体重は雄2・6kg、雌2・1kgである。羽装色は黒色のみである。かつては、大軍鶏の闘技の訓練相手として使用されていたとのことである。三枚冠、赤耳朶、黄脚をもつ。

【大和軍鶏（ヤマトグンケイ）】（原産県不詳…天然記念物）

本品種の体高は八木戸鶏よりも遥かに低いが、成体標準体重は雄2・0kg、雌1・7kgであり、極めて肉付きが良い。また顔面に皺が極めて多いことが本品種の大きな特徴である。トサカは一見胡桃のように見え、一般にはクルミ冠と呼ばれるが、また筆者もこれまでそのように書物に書いて来たりもしたが、本品種のトサカは、蓑曳鶏や烏骨鶏の胡桃冠とは明らかに異なる。詳細は省くが、筆者の実験によれば、大和軍鶏のもつ鶏冠は三枚冠の1種であると考えられる。いわば変則的三枚冠であり、細かく観察すると

大和軍鶏

冠の稜が5つあるように見える。五枚冠とでも呼びたくなる。耳朶は赤色、脚は黄色である。原産県不詳であるものの、広島県もしくは山口県原産ではないかとの説がある。掲載写真は、赤笹羽装の雄（左）と柏羽装の雌（左）。ちなみに、写真の雌は羽繕い中。

【金八鶏（キンパ）】（秋田県原産…天然記念物）

先に述べた大和軍鶏と次に述べる小軍鶏の中間的な体格を有する。標準体重は雄1・8kg、雌1・4kg。三枚冠をもつ。羽装色は黒色と白色が一般的である。雄の頸羽と蓑羽が雌と同様に丸羽（雌状羽）を示すことが本品種の大きな特徴の一つである。掲載写真は、黒色内種の雄。

金八鶏

【小軍鶏（コシャモ）】（原産県不詳…天然記念物）

体重が雄1・0kg、雌0・8kg程度の小型の軍鶏である。体型は良く直立しているが、大軍鶏と完全な相似形ではない。大軍鶏が雉尾を示すのに対し、本品種は蝦尾をもつ。鶏冠は大和軍鶏同様に変則的三枚冠である。赤耳朶、黄脚をもつ。羽装色は赤笹が基本であるが、多くの内種が存在する。また、地域により体型等に差異が存在する。東海地方のものはスリムな感があり、高知県や九州のものには重厚感がある。九州地方のものは他の地方のものに比べて、大和軍鶏ほどではないものの、顔面の皺が多い。上で、原産県不詳と記したが、高知県原産の可能性が高い。掲載写真は、黒色羽装の雌（左）、赤笹羽装の雄（中央）、ならびに白色羽装の雌（右）である。

小軍鶏

【南京軍鶏（ナンキンシャモ）】（原産県不詳　天然記念物）

一般に軍鶏の仲間が直立した体型を示すのに対し本品種は前傾姿勢を示す。また、体格も他の品種に比してスリムである。三枚冠、赤耳朶、黄脚をもつ。尾は雉尾である。標準体重は雄０・９３kg、雌０・７５kgと小型である。羽装色には、赤笹（雌は柏色）と白色がある。掲載写真は、柏羽装の雌（左）と白色羽装の雄（右）。

【越後南京軍鶏（エチゴナンキンシャモ）】（新潟県原産…天然記念物）

その名から、新潟県原産と思われる。南京軍鶏と別品種のように書いているが、外貌的に南京軍鶏と大差はないので、南京軍鶏の新潟地域型と考えれば良いのではなかろうか。では、越後南京軍鶏と南京軍鶏の違いはどこにあるのか。愛好家によると、越後南京軍鶏の脚は、南京軍鶏に比べ、短めかつ太めだとのことである。掲載写真は、柏羽装の雌（左）と赤笹羽装の雄（右）。

南京軍鶏

越後南京軍鶏

四．その他の観賞用品種

　以上、軍鶏の仲間について記述してきた。大軍鶏の祖先と同様に、その祖先が江戸時代初期に朱印船に乗ってやって来たと考えられている品種に矮鶏と烏骨鶏がある。以降では、まずこの両者について記述した後に、その後江戸時代の鎖国期に我が国で作り出されたと考えられている品種について、原産県の場所が北のものから順に記述する。

【矮鶏（チャボ）】（天然記念物　昭和十六年指定）

　成体標準体重が雄０・７３kg、雌０・６１kgの小型品種である。直立した尾、短脚を特徴とする。単冠、赤耳朶、黄脚をもつ。桂内種がもっとも有名であると思われるが、他に多くの内種が存在する。尚、内種のうち、大冠桂矮鶏と達磨矮鶏においては、標準体重は雄０・８５kg、雌０・６７kgである。掲載写真は、羽装としては不完全であるも

矮鶏

のの、金鈴波内種の雄（左）と雌（右）。

【烏骨鶏（ウコッケイ）】（天然記念物　昭和十七年指定）

雄1・1kg、雌0・9kg程度の体重を示し比較的小型であるが、体格そのものは肉用鶏（コーチン型）のそれを示す。全身の羽毛は糸状羽であり、通常のニワトリとは異なっている。羽装色は白色が一般的であるが黒色のものも存在する。皮膚は黒く、骨や内臓の表面も黒い。骨が黒いために、黒い鳥（カラス）になぞらえて烏骨鶏の名がある。鶏冠は胡桃冠を示すが、これに加え毛冠ももつ。さらに、一般に頬ヒゲおよび顎ヒゲをもつが、頬ヒゲ、顎ヒゲ共にもたず通常のニワトリと同様に肉垂をもつものも存在する。耳朶は、通常のニワトリの赤色もしくは白色とは異なり青色である。脚は鉛色であり、通常のニワトリの趾の数が4本であるのに対し、烏骨鶏は5本の趾をもつ。以上のように、本品種は突然変異の見本市のような品種である。掲載写真は白色内種の雌（左）と雄（右）。

烏骨鶏

【声良鶏（コエヨシ）】（主な生息地…秋田県、青森県、岩手県　天然記念物…昭和十二年指定）

一見大軍鶏に似た直立気味の体型を示す。また、体格も大軍鶏と同様に大きい（雄４・５kg、雌３・７５kg）。三枚冠、赤耳朶、黄脚をもつ。雄の羽装は単順に言えば白笹であるが、通常の白笹とは異なり、肩部および背部に暗褐色が目立つ。雌の羽装は明らかに白笹のものとは異なり、一枚一枚の羽毛に黒色の覆輪様の模様が存在する。この羽装パターンは、先に述べた龍神地鶏の雌のそれと同じである。本品種は、前述の東天紅鶏および後述の蜀鶏（唐丸）と共に、日本三大長鳴鶏に数えられる。鳴き声の低音が特徴的である。

声良鶏

【比内鶏（ヒナイドリ）】（秋田県原産…天然記念物　昭和十七年指定）

重厚な体型を示し（雄３・３kg、雌２・３kg）、羽毛（特に頸羽）が豊かである。トサカは、大軍鶏と同じ三枚冠であるが、その顔貌は大軍鶏のように厳つくはない。赤耳朶、黄脚をもつ。雄の羽装は赤笹のみであるが、雌には柏色のものと赤笹（梨地）のものとの２種がある。

秋田県の愛好家に聞いたところによると、柏色が本来とのことである。

【雁鶏（ガンドリ）】（秋田県原産）

比内鶏の脚を短くし、背線を水平にしたような体型である。水鳥を髣髴とさせるような体型をしている。よってこの品種名があるのであろう。トサカは三枚冠、耳朶は赤色、脚は黄色である。筆者が本品種を最後に見たのは１９８８年である。現代ではもう絶滅している可能性がある。標準体重は雄３・３kg、雌２・０kgである。

比内鶏

【蜀鶏（トウマル）】（新潟県原産…天然記念物　昭和十四年指定）

蜀鶏という漢字は天然記念物指定時に使われたものである。しかし、これで「トウマル」と読ませるには無理がありすぎるということで、現在では一般に「唐丸」の漢字が用いられている。本品種の羽色は黒、トサカは単冠、耳朶は赤色、脚は黒色であり、一見、黒柏鶏と外貌が似ている。しかし、唐丸の方が黒柏鶏よりも幾分重厚な体格を示し（雄３・７５kg、雌2・8kg）、体型も黒柏鶏よりも直立気味である。また雄の尾羽の角度も、唐丸の方が車尾風に立っているのに対し、黒柏鶏では流し込み（ほぼ水平）である。雌の鶏冠および顔面は、黒柏鶏の雌の場合と同様に黒い。白色内種があり、その脚色は鉛色である。掲載写真は、黒色内種の雌（左）と雄（右）。

【河内奴鶏（カワチヤッコ）】（三重県原産…天然記念物　昭和十八年指定）

成体標準体重は雄で0・93kg、雌で0・75kgの小型鶏である。羽装は五色であり、三枚冠、赤耳朶、黄脚をもつ。三枚冠は大軍鶏に見られるような小ぢんまりとしたそれではなく、三つの稜が立った（特に中央の稜が立った）特徴的なものである。

【鶉矮鶏（ウズラチャボ）】（高知県原産…天然記念物　昭和十二年指定）

蜀鶏

河内奴鶏

遺伝的な無尾を示す小型鶏である。原産県が同じ土佐地鶏と同程度の体格を示し（雄0・675kg、雌0・6kg）、土佐地鶏から生じた突然変異ではないかと考えられている。単冠、白耳朶、黄脚をもつ。蓑曳矮鶏と同様、品種としての矮鶏の仲間ではないため、混同を避けるために鶉尾（ウズラオ）と呼ばれることもある。掲載写真中の雄（ほぼ中央）は白色羽装をもっているが、周りの雌には、赤笹羽装、白笹羽装、黒色羽装の三者が見られる。

鶉矮鶏

【地摺（ジスリ）】（熊本県原産）

『日本鶏審査標準』には収録されていない。本品種は一旦絶滅している。現存する地摺は復元されたものである。書物中にある「地摺は大軍鶏の短脚型のようなトリである」という旨の記述に基づいて、黒色の大軍鶏に肥後矮鶏（ヒゴチャボ）の短脚遺伝子を導入して作出され

地摺

ている。この意味では、復元された地摺は、独立した品種というよりも、大軍鶏の一内種とみる方が妥当である。

【地頭鶏（ジトッコ）】（鹿児島県原産…天然記念物　昭和十八年指定）

短脚、毛冠ならびに頬ヒゲ、顎ヒゲを特徴とする。成体標準体重は雄2・6kg、雌2・0kgである。かつては多くの羽装色内種が存在したようであるが現在は原則赤笹のみである。極めて稀に白色のものも存在する。また現在のものは三枚冠、赤耳朶、黄脚を示すが、かつては単冠が主流であったとのことである。尚、本品種の短脚は優性遺伝子によって支配されているが、この遺伝子はホモ型になると致死作用をもつため、短脚形質を固定することはできない。

地頭鶏

【薩摩鶏（サツマドリ）】（鹿児島県原産　天然記念物…昭和十八年指定）

日本鶏の中では大型（雄3・75kg、雌2・81kg）の品種である。本来は闘鶏用の品種であるが現在は姿形の観賞に用いられている。また一部は、JAS地鶏（説明後述）作出のための雄系として用いられている。成体雄は小国型の尾羽の配列を示し、その数は地鶏類のものよりも多く、かつ長めである。また良く開張する。トサカは三枚冠、耳朶は赤色、脚は黄色である。羽装色は赤笹がスタンダードであるが、白笹、黄笹、五色、黒色、白色の内種が存在する。掲載写真は赤笹羽装の雌（左）と白笹羽装の雄（右）。雌の後方には雛も見える。

薩摩鶏

【チャーン】（沖縄県原産）

沖縄県の地鶏とも言える品種であり、ウタイチャーンと呼称されることもある。単冠、赤耳朶、黄脚をもつ。また、頬と顎にはヒゲをもつ。羽装色には、さまざまな内種が存在する。本品種は鳴き声を観賞するための品種であり、通常の雄の「コケコッコー」とは異なる鳴き方をするとのことである。筆者も本品種を実際に飼育しているが、未だ一度もその鳴き声を聞いたことがない。よって、どのような鳴き方をするのか、実体験に基づいてここに書くことができない。尚、沖縄県にはチャーンと沖縄髭地鶏（オキナワヒゲジドリ）の2品種が存在すると長く思われていたが、沖縄髭地鶏はチャーンと他の品種の雑種を純粋品種と勘違いしていたものであり、チャーンのみが存在するというのが現在の定説である。本品種の標準体重は雄1・9kg、雌1・4kgである。チャーンの羽装を正確に表現することは難しい。掲載写真の左の雌は「三色碁石」のような羽装をもち、右の雄は「五色」のような羽装をもっている。

チャーン

五．実用品種

以上、主に観賞用の日本鶏品種について、その特徴を概説してきた。以下には、明治時代以降に我が国で作られた、卵肉採取を目的とする実用品種の説明を行おうと思う。ただし、これらは元々実用鶏として作られたものであるものの、現代社会ではほぼ全ての品種が主に観賞用として飼育されている。

【名古屋（ナゴヤ）】（愛知県原産）

中国由来のコーチンと愛知県（尾張地方）の在来鶏の交配に基づいて作出された品種である。本来は卵肉兼用鶏であるが、現代では、これに加えて肉専用あるいは卵専用の系統も作出されている。観賞に用いられているものの標準体重は、雄3・6kg、雌2・7kgである。典型的な猩々羽装を示し、単冠、赤耳朶、鉛色の脚をもつ。本品種の鉛脚（なまりあし）は青味が掛かっていることが、他品種にはない特徴である。新聞、テレビ等で名古屋コーチンという名をよく見聞するため、これが品種名と思っている人が極めて多いが、これは品種名ではなく、商業上の呼び方であることにご留意願いたい。正式の品種名は「名古屋」である。

名古屋

【三河（ミカワ）】（愛知県原産）

愛知県の三河地方で作出された卵肉兼用品種である。羽装は薄毛猩々（尾羽まで含め全身が黄褐色）を示し、単冠、白耳朶、黄脚をもつ。観賞用のものの標準体重は雄2・8kg、雌2・3kgである。明治時代以降に作られた他の実用鶏（名古屋など）は、外国鶏と日本鶏との交雑から出発して作出されているが、この三河の作出に際しては日本鶏は一切利用されておらず、外国から輸入した複数の品種（レグホーンやプリマスロックなど）を交配することにより作出されている。しかしながら、材料鶏は外国品種であっても、我が国で独自に作られた品種であるので、広義に解釈する際には「日本鶏」として扱っている。尚、本品種は現在既に絶滅している可能性が高い。

【出雲（イズモ）】（島根県原産）

『日本鶏審査標準』には収録されていない。前述の名古屋と同程度の体格をもつ卵肉兼用品種である。羽装は、尾羽も含めた全身黄褐色（薄毛猩々）を示す。尾羽まで黄褐色である点が、尾に黒の着色のある名古屋および土佐九斤とは異なっている。また、尾部が小さく、全体として球に近い形状を示すため、出雲の尾は「玉尾」と呼ばれる。単冠、赤耳朶、黄脚をもつ。本品種は、現在既に絶滅してしまっている可能性が高い。

【土佐九斤（トサクキン）】（高知県原産）

前述の名古屋および出雲と同様に、中国原産のコーチンを利用して作られた卵肉兼用品種である。１９６０年代に海外からのニワトリの輸入が解禁される以前には、その卵肉が大いに流通したと聞き及んでいる。体型、体格ともに名古屋および出雲と同様である。黄色味を帯びた猩々羽装を示し、単冠、赤耳朶、黄脚をもつ。観賞用のものの標準体重は雄４・５kg、雌３・３７５kgである。

土佐九斤

【宮地鶏（ミヤヂドリ）】（高知県原産）

卵専用鶏である。ブラックミノルカと加持鶏（カモチドリ）との雑種からその作出が始まったと考えられている。ブラックミノルカと同様に、黒色羽装をもち白卵を産む。加持鶏とは、明治時代の高知県に存在したトリのようであるが、その詳細は明らかでない。宮地鶏は地頭鶏と同様に短脚を示し、単冠、白耳朶、鉛脚が基本であるが、一部に赤耳朶のものも存在する。標準体重は雄1・4kg、雌1・1kgである。現在絶滅寸前の品種である。尚、本品種は、その作出・普及に関わった宮地氏にちなんでその名がある。すなわち、「宮地―鶏」であって、「宮―地鶏」ではないことにご留意願いたい。

宮地鶏

【熊本（クマモト）】（熊本県原産）

前述の名古屋、出雲、土佐九斤と同時期に作出された卵肉兼用品種である。また、中国原産のコーチンを作出の出発点に用いている点も同じであり、これらの品種と同様の体型・体格を示す。羽装は全身黄褐色（薄毛猩々）を示す。出雲と同様、尾羽まで黄褐色である点が名古屋および土佐九斤とは異なっている。観賞用個体の標準体重は雄3・75kg、雌3・0kgである。単冠、赤耳朶、黄脚をもつ。

【天草大王（アマクサダイオウ）】（熊本県原産）

大型の肉用鶏である。『日本鶏審査標準』には収録されていない。本来の品種は昭和初期に絶滅してしまっており、現存するものは復元されたものである。名古屋を大型化して背を高くしたような体型を有する。羽の色も名古屋に似て猩々タイプであるが、名古屋のものと完全に同一ではない。単冠と赤耳朶を有する。脚の色は白色が標準のようである。絶滅前の品種の雄の大型のものでは、その体重は6kgを越えたということであるが、復元されたものも同等以上の体重を示すと聞き及んでいる。

熊本

天草大王

【インギー鶏（インギー）】（鹿児島県原産）

『日本鶏審査標準』には収録されていない。明治時代に種子島に漂着したイギリス船に積まれていたニワトリがこの品種の起源であると言われている。「インギー」とは「イギリス」を意味する言葉との事である。イギリス船に積まれていたのであるが、本品種の体型は中国大陸のニワトリのそれであり、種子島に漂着前に中国で積み込まれたものと推測される。羽装は、外国鶏のロード・アイランド・レッド類似の暗赤褐色を示す。単冠をもつが、耳朶色には赤耳朶や白耳朶、また両者が混じり合った「霜降り」耳朶が存在するようである。また、脚色にも黄脚と白脚の両者が存在するようである。本品種の最大の特徴はその尾羽にある。本品種は、一見、鶉矮鶏と同様に尾羽を欠損しているように見える。しかし、実際には尾羽を有している。尾羽が正常のニワトリのそれのような形状をとらず、あたかも雄の蓑羽のような細長い形状を示す。これが捩れながら垂れ下がっているために、蓑羽のみがあって、尾羽は欠損しているように見える次第である。掲載写真は雄。

インギー鶏

四章　日本鶏の利用法

一．愛玩・観賞用

先にも述べた通り、日本鶏品種の多くは観賞用に飼育されている。ということは、申すまでもなく、日本鶏の利用法の第一は観賞用である。しかし、地方であっても都市化が進む現在にあっては、また都市化が進んでいないような場所であっても、昨今の日本の風潮では、ニワトリの鳴き声は騒音として捉えられ、嫌われる。すなわち、観賞用に飼いたくてもなかなかにその飼育は困難である。また、鳴き声の問題をクリアーして来た人々の場合でも、2004年の我が国におけるトリインフルエンザの発生以来、ニワトリを飼育しているというだけで、実際には何の問題もないにも関わらず、世間から白い目で見られるということで、日本鶏飼育を取り止める愛好家が続出している。

日本鶏は、先人が作出した世界に誇れる生きた文化財である。にも関わらず、それを知り評価する人はほとんどいない。嘆かわしいことである。この世知辛い世の中では、経済効果を生み出すようなものでなければ、単に「観賞用」ではなかなかに受け入れてもらえない。「観賞用」といっても、日本鶏1羽1羽はそれなりに高値で取引されるのであるが、絶対的な飼育者数が少ないので、社会全体的な経済効果があるとはとても言えない。

二、研究界での利用

同様に、現時点で経済効果があるわけではないが、日本鶏には研究素材としての利用価値が認められる。前節で述べたように、日本鶏の特徴（形態や性質）は品種により多種多様である。特徴が多種多様であるということは、その元にある遺伝子も多種多様であるということである。この日本鶏の多種多様な特徴は格好の研究材料となる。例えば、羽色はどのようなメカニズムで発現しているのか、多種多様な羽色を示す日本鶏を用いれば研究し放題である。また、日本鶏の特徴の一つに長鳴きがあるが、長鳴きのメカニズムはどのようになっているのか。大軍鶏のような闘争性の強い品種はどのような遺伝子により、その行動がどのよばす仕組みはどのようになっているのか。尾長鶏や小国鶏のように尾の長い品種では、その尾を伸ばす仕組みはどのようになっているのか。などなど、基礎生物学研究の材料として有用なものがズラリと揃っている。また、鶉矮鶏は尾椎欠損を示すが、ヒトにも同様の疾患が存在する。このような場合には、鶉矮鶏はヒトの疾患を研究するためのモデル動物として使用できる可能性がある。さらに鶉矮鶏の中には、先天的にファブリキウス嚢を欠損する個体も存在する。ファブリキウス嚢は免疫に深く関わる器官である。すなわち、鶉矮鶏は、免疫学研究分野においても有用な実験材料になると考えられる。

以上のように、日本鶏は各種分野において、有用な研究材料になると考えられるが、観賞用としての存在が一般社会にほとんど知られていないのと同様に、研究者にもその存在が全くと言ってよいほど知られていない。よって、筆者は、国立大学法人広島大学内に「日本鶏資源開発プロジェクト研究センター」を組織して、その啓発に努めている次第である。

三．食資源としての利用

筆者のこれまでの経験上、また他者の経験を聞いても、日本鶏はその肉も卵も極めて旨い。じゃあ、その肉も卵も大いに利用すれば良いじゃあないか、ということになる。ところが実際には、日本鶏の卵肉は大規模利用はなされていない。旨いのに何で大規模利用されていないのか？理由は簡単である。大規模利用に耐えるだけの生産能力を日本鶏が備えていないためである。再々述べているように、日本鶏のほとんどは観賞用に育成されて来ている。換言すれば、卵や肉の生産性を追及する方向での育種は行われていないために、卵肉の生産性が低い次第である。明治時代以降に育種された実用品種である名古屋や土佐九斤などは、純然たる観賞用品種に比べれば産卵性、産肉性共に優れている。しかし、欧米で改良された卵用鶏、肉用鶏にはその生産性が到底及ばないため、1960年代を境に、その産業利用は極一部を除いて無くなっている。

1960年代以降、欧米で徹底的に育種された卵用鶏、肉用鶏が我が国に大量に輸入されるようになった。そのため、先に述べた名古屋、土佐九斤などの日本原産の実用鶏の使用が廃れたわけである。現在日本に出回っている鶏卵、鶏肉のほぼ全てが、その大元は、後述するように輸入に基づいている。農林水産省の公式発表では、年によって多少の増減はあるものの、鶏卵、鶏肉の自給率はそれぞれおよそ95％および70％程度である。この数字だけ見ると、鶏卵、鶏肉は良く自給できているじゃあないか、となるが、実はこの数字にはカラクリがある。以下にこのカラクリを説明する。

スーパーマーケット等で売られている卵を産んでいる、我が国で飼育されているニワトリ（肉用鶏の場合には、肉として売られているそのもののトリ）をコマーシャル鶏と呼ぶ。このコマーシャル鶏の親世代を種鶏（しゅけい）、種鶏の親世代を原種鶏（げんしゅけい）、さらに遡ると、原種鶏の親世代を原々種鶏（げんげんしゅけい）、さらにその親世代をエリートストックと呼ぶ。逆に言えば、エリートストック→原々種鶏→原種鶏→種鶏→コマーシャル鶏という順序で、卵肉の生産がなされている。日本はこれらの内、種鶏や原種鶏を海外から輸入している。これらの種鶏や原種鶏には海外企業のパテントが掛かっており、これらの使用に際しては、輸入した日本の企業が好き勝手はできず、海外企業により使用法が定められているとのことである。筆者の研究室で、この輸入に依らない真の自給率を調査したところ、鶏卵では6―7％、鶏肉では1―2％程度であった。逆に言えば、現在の日本国に出回っている鶏卵の93－94％、鶏肉の98－99％は、その大元は輸入に基づいて生産されているということである。ちなみに、鶏卵の真の自給率の多くを産出しているのは第一部、第一章で述べられている後藤孵卵場、さらに家畜改良センターである。また、真の鶏肉自給率には、後述するように、日本鶏が貢献している。

以上のように、鶏卵、鶏肉の大元となるトリをほぼ全て輸入に頼っているのは何故か？簡単なことである。日本人1億2千万人の胃袋を満たせるだけの高産卵性、高産肉性を備えたニワトリを我が国がほとんど保有していないからである。では、作れば良いではないか。この発想を元に、筆者はこれまで、我が国独自の優良（高生産性）国産鶏を作出すべくこの約20年間研究を行って来た。何をどうすれば良いか、全て分かっているが、万年予算不足のために未だ実現に至っていない。臍を噛む思いである。

かつてより現在に至るまでのニワトリ育種法は、一言で言えば「外からの育種法」であった。どういうことかと言えば、肉を沢山産出するトリを作りたければ、なるだけ体の大きなオスとメスを選び交配するということを毎世代繰り返す、産卵率の良いトリを作りたければ、産卵率の良いメスとその血縁のオスを選んで毎世代交配を繰り返すというものであった（この優良な個体を選ぶ際、近年ではもちろん最新の統計学的手法やコンピューターは用いられている)。しかし、産肉性も産卵性も、飼育場の環境（温度、湿度、床面積や飼料の組成など）の影響を受ける。環境如何によっては、産肉性や産卵性に関してあまり良い遺伝子をもっていなくても見かけ上は良さそうに見える個体が出現することもあるし、逆に、良い遺伝子をもっていても環境如何によっては、見かけは悪くなる個体も出現することもある。すなわち、「外からの育種法」では、正確な育種は不可能である（と言っても、現在の統計遺伝学は相当に正確ではあるが）。この「外からの育種法」をさらに正確にするのが「内からの育種法」である。「内」が意味するところは何か？それは、ＤＮＡや遺伝子である。生産性に関与しているＤＮＡ領域あるいは遺伝子に着目し、環境に左右されない正確な育種を「内からの育種」と筆者は呼んでいる。

「内からの育種」を実現するためには、まず、生産性に関与している遺伝子（もしくはその遺伝子に密接に関係するＤＮＡ領域）を把握する必要がある。この把握の方法には、quantitative trait loci（ＱＴＬ）解析法、genome wide association study（ＧＷＡＳ）、whole genome sequencing法、ＲＮＡ sequencing法、ならびにこれらの方法を組み合わせる方法等がある。また、併せて、データベースを有効活用することも可能である。これらの解析法を用いる場合、外国鶏とは遺伝的組成の異なる日本鶏を用いることにより、より効率的に研究を遂行することができると考えられる。ここでこれらの手法を説明すると、多くの紙数を使いすぎると共に、あまりに専門的になり過ぎ、本書の意図を逸脱すると思われる。興味のある読者の皆さんはインターネット等でご自信でお調べ願いたい。こういう際、インターネット社会はとても便利である。

先に筆者は、ＤＮＡ解析を元に我が国独自の優良国産鶏を作る努力をして来た、しかし研究費不足のために未だに完成していないと述べた。しかし、これがもし既に完成していたとしても、先に述べた低自給率からの脱却は実際の日本社会においては無理であろうと思われる。現在、「輸入」に基づいてニワトリ産業界が成り立っている。もし、この構図を覆そうとすれば、国内外から袋叩きに会うであろう。しかし、現状はそうであっても、我が国独自の優良国産鶏は作出しておくべきであると思う。人間社会、現状が磐石に見えても、それが未来永劫続くということは有り得ない。将来何がどうなるかは分からない。「内からの育種」を行ってエリートストック等を作出・保持するなど、将来、国内展開はもちろん、世界展開も行えるような準備は常にしておくべきであると考える。

日本鶏の食資源としての直接的利用…先に、日本鶏はその卵肉ともに旨いが、主に観賞用に育種されて来たために生産性が低く、卵肉の使用ができないと述べた。実は、これ以外にも、特にその肉が利用できない理由が存在する。それは、日本鶏の多くが国の天然記念物に指定されていることに拠る。日本鶏は家畜であって、野生動物ではないので、例え天然記念物に指定されていても食用に用いても良いのかも知れないが、純粋日本鶏品種の肉を商業流通させようという人は誰もいない。日本鶏は、その生産性は低い、また天然記念物に指定されている。しかし、その肉も卵も旨い。できれば食用としても流通させたい。一方、外国からの輸入が元になっているブロイラー肉は、安価なために分量としては腹は十分充たせるものの、水っぽく、味気なく、日本人の味覚には本来合致しない。この状況を打開するために何が行われたか？１９８０年代中頃より、日本鶏と外国鶏（ロードアイランドレッドやプリマスロック等）とを交配して雑種を作り、これを販売するという手法が取られ始めた。この手法だと、日本鶏の味の良さを活かしつつ、生産性の低さをカバーすることができる。換言すれば、一般ブロイラーに比べて味が良くて、そこそこ生産性も良いニワトリを作出することができる。そういう意味では、これはなかなかに良いアイデアであると思われる。現在２０１６年。１９８０年代半ばから約30年を経て、日本各県あちこちでこの手法が定着し、いろいろな特殊肉用鶏が作出・販売されている。これらが、先に述べた日本の鶏肉の真の自給率（１—２％）に貢献している次第である。

ただし、これに関しては、先にも少し触れたが、学問的には大いに問題のある部分もある。それは、このようにして作られたニワトリが「地鶏」と呼ばれてまかり通っている点である。我が国には、前述した通り、純粋品種としての「地鶏」が複数存在する。一方、日本鶏と外国鶏を交配して作出したニワトリはただの雑種である。ニワトリには罪は無いが、学問的には、雑種を地鶏と呼んでは絶対にいけない。しかし、日本農林規格が認めてしまっているために、「地鶏」の呼び名がまかり通っている。２０１６年現在、日本農林規格がいう商業用の地鶏が真の地鶏であって、学問上の由緒正しい地鶏がニセモノの地鶏として扱われるようなことが、学問の府である大学内部において起こって来たりしている。真に嘆かわしいことである。純粋地鶏と商業用のマガイモノ地鶏は明確に区別されるべきである。筆者は、本来、商業用の地鶏を絶対に地鶏とは呼びたくないが、しかし、最近の世の中では、この語を使わなければ話が通じない程、この語が広まってしまっている。そこで、学問上の地鶏は断固として守るべく、商業用の地鶏は、止む無く「ＪＡＳ地鶏」と呼ぶことにしている。

呼び方の是非は置いておくとして、このＪＡＳ地鶏が、正に本書のタイトルである「養鶏に新時代が来た」に大きく関わってくる。このＪＡＳ地鶏、他所でも述べた通り、最初は１９８０年代半ばにその作出取り組みが起こったのであるが、その後、日本の各県が競うようにして各県の特色が出せるようなＪＡＳ地鶏を作って来た。しかし、その後、その事業から撤退する県も出てきたり、消費者の反応もう一つであるなど、この業界に翳り（伸び悩み）が見えて来ていた。ところが、２０１２年頃からであろうか、この状況に変化が現れて来た。ＪＡＳ地鶏開発をしようという人が急増し始めたと感じる。また、かつては、県の畜産試験場の主導によりＪＡＳ地鶏作出が行われて来たのであるが、最近は、個人あるいは企業の方々がＪＡＳ地鶏作出に興味を示し出した。筆者のところにも、質問、相談、協力要請が多数寄せられている状況にある。また、特殊肉用鶏ブームはお隣の韓国でも起こっているようであり、韓国からの視察団が筆者のところに訪れることもある。

四．結語

『養鶏に新時代が来た』という本書のタイトルを目にされた読者の方々の大半は、「最新の科学技術を用いてニワトリの改良を行う時代が来た」と推測されたのではなかろうか。本稿の執筆依頼を戴いた時点では、実は筆者自身もそのように思ったため、最初はその線で本稿を書くことになるだろうと思っていた。

今後、欧米の大企業は、ＤＮＡ解析結果を用いてニワトリ改良を行って、それを全世界に向かって売り出すことは間違いないと思われる。「外からの育種」から「内からの育種」への大転換であり、正に「養鶏に新時代が来た」である。筆者自身も、他所でも書いたように、この20年、ＤＮＡ解析結果を用いて、世界に通用する我が国独自のニワトリを作りたかったのであるが、残念ながら我が国はそれを求めていない。日本の畜産行政は純国産のニワトリには極めて冷たいのが現実である。これは、筆者唯一人の感想ではなく、ニワトリを対象としている研究者ならびに国産鶏開発に関わっている現場の方々、さらにはかつて農林水産省関係の部署に所属していて、現在は大学に所属している方々から、一人の漏れなく等しく聞く話である。また、さらに驚くことに、現役の農林水産省関係の方からも実際に聞くことすらある話である。我が国は、今後共、海外で最新技術を用いて作られたニワトリを輸入し続け、先に述べたカラクリに基づいた、みせかけの自給率を公表し続けるのであろうか。

が、それはさて置き、筆者は、「養鶏に新時代が来た」は、正に先に述べたように、県の畜産試験場のような直接の畜産関係者ではなく、個人とか企業の人々が特殊肉用鶏や卵用鶏の作出に興味を示し始めたところに求めたい、と言うか、実際に手応えを感じている。ここでいう企業というのは、これまで一切ニワトリには関わっていない企業である。既にニワトリを扱っている企業はほぼ全て輸入に基づいて業務を行っているため、ＪＡＳ地鶏のような特殊肉用鶏の作出には原則興味を示さない。その一方で、これまで一切ニワトリを扱って来なかった異業種の方々が、日本鶏を利用して作出した特殊鶏を扱おうとする動きが起こって来たことは、正に「新時代が来た」である。ＪＡＳ地鶏では、国家のニワトリ自給率を何十パーセントも上げることは到底不可能である。しかし、現在起こっている動きでは、ＪＡＳ地鶏を国内展開するばかりでなく、海外への輸出も睨んでいる。さらには、日本国内で作ったものを海外へ輸出するだけに終わらず、海外へ出向いて行って、現地で事業展開を行うことを発想している企業も複数ある。このような発想、動きは、これまでの日本の養鶏事情と比較した場合、正に、「養鶏に新時代が来た」に他ならない。

（広島大学大学院生物圏科学研究科教授）

第三部

輸入国日本の
救世主

飼料用米制度の推進

一章　岐阜方式ありき
〈食料自給率向上の一環〉

世界的食糧不足が危惧され、家畜飼料の主原料（穀物、動物蛋白）確保にも影響が及び、全体では75％、養鶏は90％外国に頼っている日本にとって飼料用米《エサ》（以下飼料米）制度の普及、促進は自給率向上の決め手であり、天恵だ。養鶏（卵用、肉用〈地鶏〉）産業は現時点でリード役を果し、この中でも主要県岐阜の取組む姿勢、充実度による飛躍的伸びはめざましく、08年、耕種・畜産農家及びその団体、関連行政機関、国立岐阜大学が構成員となって「県飼料米利用促進協議会」が設立され、強固な意志、組織による企画、行動に移っている。取組みのスタートは07年、県畜産課・平工寛美さんらと飛騨牛生産者に飼料用稲ワラを提供していた耕種農家の提案から具体化した。それは「子実部分（稲穂）は鶏のエサに使えないか」というもので、試行の末籾《もみ》米10％の添加なら鶏の筋胃によって十分に消化され、産卵成績も変らない（岐阜養鶏農業協同組合、以下農協）ことが実証され、綿密で本格的な試験が始った。

給与試験の成果が徐々に明らかになるにつれ耕種農家の参加も増え、給与比率も20％になり鶏の生育、産卵成績は少しずつ改善され、現在はトウモロコシの代替《だいたい》として多収品種の玄米、籾米30％混入（表1参照）しても産卵成績には問題がなく、飼料摂取量は減少し、飼料要求率（総産卵重量(kg)分の総飼料消費量(kg)）は改善してきている。ただし籾米は嵩《かさ》がある分粗蛋白質（カロリー）含量がトウモロコシより低く、成分調整は必要だ。

県内飼料米利用畜産農家は卵用鶏22、肉用鶏1、乳牛25、肉用牛8、豚5の計61戸（平成二十五年度）で、これに種鶏8戸が加わり、今後さらに増加傾向（※1）にあるが、種鶏（PS鶏）クラスの給与研究、試験が初めてのケースとして実施されたのは岐阜県である。

〈飼料用米の生産・給与技術マニュアル13年度版〉
表1．玄米または籾米の産卵成績・卵殻強度に及ぼす影響

飼料用米配合率（%）	なし	玄米 30%	籾米 30%
産卵率（%）	93.1	93.3	93.0
卵重（g）	62.4	62.8	62.2
飼料摂取量（g/日）	117 a	115 a	112 b
飼料要求率	2.03	2.00	1.95
卵殻強度（kg/cm）	4.11	3.94	4.03

※異符号間に有意差あり *($p < 0.05$)*　　（脇ら．2011）

▼イネの飼料化構想始まる▲

飼料米実用化の濫觴《らんしょう》は一九七一年「稲作転換対策（用途別稲—図1）」の研究、開発だった。「構想、研究、転作推進が同時期に行われていったが余剰古米、古々米を乳用牛、肉豚、鶏給与試験が農林省種畜牧場等で実施され、イネの飼料化構想へと進展した（吉田宣夫山形大教授09年3月、飼料イネの研究・普及に関する情報交換会）」。

実用化研究のスタート当時、つまり45年前空想さえされなかった飼料米20％の添加が、種卵生産に影響なしとの結果が得られたのは平成十九年、後藤孵卵場グループ・岐阜養鶏農協直営農場「姫農場（可児市《かに》）」からだった。この実証試験研究グループの先頭にあった同孵卵場前研究開発本部長望月完二さんは「レイヤー種鶏の事例」として「平成十九年〜二十二年三年間の試験結果から籾米飼料給与の絶対的評価は出来た。今年（同二十三年）より岐阜県養鶏農協の種鶏群5農場で籾配合給与を開始、継続して現在に至り、さらに向上をめざす」研究の続行を表明している。

卵用種鶏給与取組みの詳細は望月さんのレポート（卵用種鶏の部「長期反復試験で完全実

施へ」終章）にあるが、まず実証試験の先頭役を果した岐阜養鶏農協（岐阜県各務原市）の事蹟を辿り、そのまとめ役だった後藤徳《のり》彦さんが綴った報告書、講演から詳しい取組み、具体的内容に迫りたい。

卵用鶏

アメリカのトウモロコシは原油高に起因するエタノール原料（※2）需要増や、海外フレート（海上輸送費）の高騰から07年ごろから価格上昇を始めており、日本の畜産業が海外依存の飼料供給体制にあることから国産飼料の開発が模索されていた「飼料用米の利用体制の構築について（岐阜養鶏農協技術顧問後藤徳彦）」。後藤さんは県農政部畜産課草地飼料担当（平工

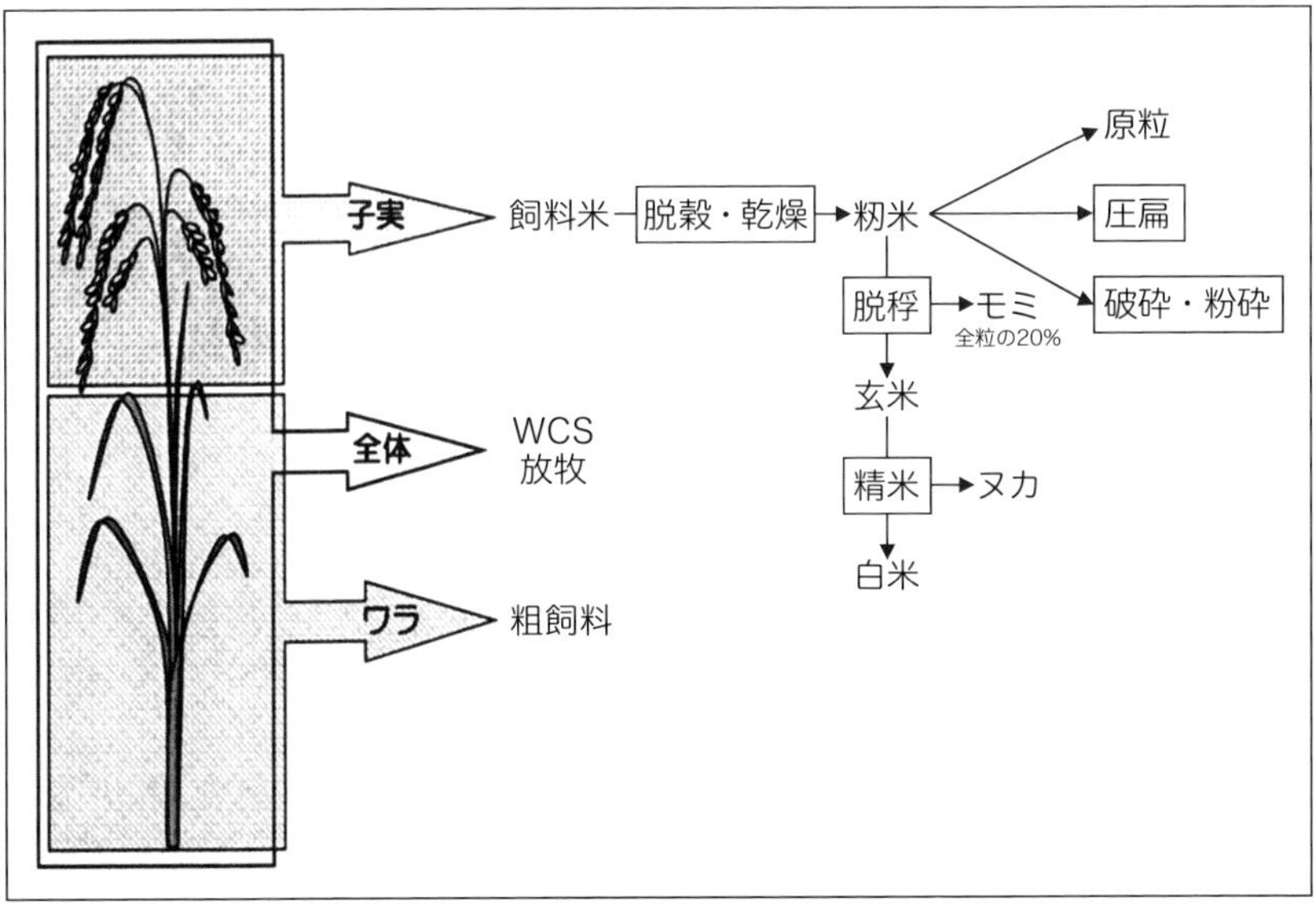

図1．飼料稲の利用

寛美さん）からの提案を受け耕種農家（わら専用稲）、養鶏生産者それぞれに連絡、七農家による飼料用稲の子実二七四トンの成果を得たが、現在に至るプロセスには経験者以外には判らない重さがあった。

　後藤さんによって平成二十三年二月にまとめられた「飼料米の種鶏への利用拡大に向けて（日本孵卵協会）」の中で「栽培農家と採卵養鶏家の間でまず飼料としての価値確認、次いで〝取引基準について〟何度も協議が重ねられた結果、栄養価、消化率、保存性、製品形態、荷姿、価格、支払い条件、品質基準、契約の各条項が決められていった」と述べている。

　決定に至る意見のやりとりは今整然として見えるが、途中経過には苦渋、錯綜の跡が歴然と見える。例えば品質基準一項を見ても△15％乾燥―梅雨、夏期をしのげるか△ワラ屑など狭雑物除去―飼料給餌機のトラブル回避△虫、ネズミによる汚れ―虫の繁殖、サルモネラによる汚染回避△残留農薬―出穂以降禁止△カビ毒―収穫以降の水濡れに注意など、微に入り細をうがっている。給餌機トラブルについては籾米破砕処理機複数メーカーによる実演、給与事例紹介を通じて大中家畜の利用が促され、さらなる拡大が進んでいる。例えば1、破砕処理で消化を助ける　2、破砕程度の調節が可能　3、低・高水分材料もＯＫなどだ。

　こうした結果飼料米作付面積のグラフを見ても平成二十四年は十九年の10倍、８００ｈａ

を超えている（二十五年は若干減）。これらは飼料米利用促進協議会を軸とした積極的活動にあり、現同会オブザーバー後藤徳彦さん（当時岐阜養鶏農協専務理事）になる図2には綿密、濃厚な仕組み、流れが鮮明に示されているが、その上に、養鶏場サイドの課題として飼料米保管施設、自家配合施設のある無しとコストの高低、経営に及ぼす影響についてもこと細かく論を進め、「休耕田をなくすことが日本の農業全体と食品生産に最も大切」と結論している。

同図の中で注目されるのは、飼料米と共に情報の流れを示している姫農場と日清丸紅碧南工場の連携がある。具体的内容は図3にあるが当時、飼料メーカーにとっては籾米の扱いは特例枠にあり、両社の常識を乗り越えた取組みが今日の制度推進、拡大の一要素、きっかけになっている。

飼料メーカーの団体日本飼料工業会は近年飼料用原料をめぐる国内情勢の変化に対処する姿勢を固め、13年末には「飼料用米プロジェクトチーム」を発足△水田農業の活性化、維持、景観保全△生産農家の経営安定△組合員メーカーの取引きを支援、併せて産地と交流、連携を深める方向を打ち出し、場合によっては共同買い上げも検討される。

他方、全農は平成二十七年産の飼料米を60万トンと目標設定、自ら買い取り販売する新たな枠組みを作っていく。

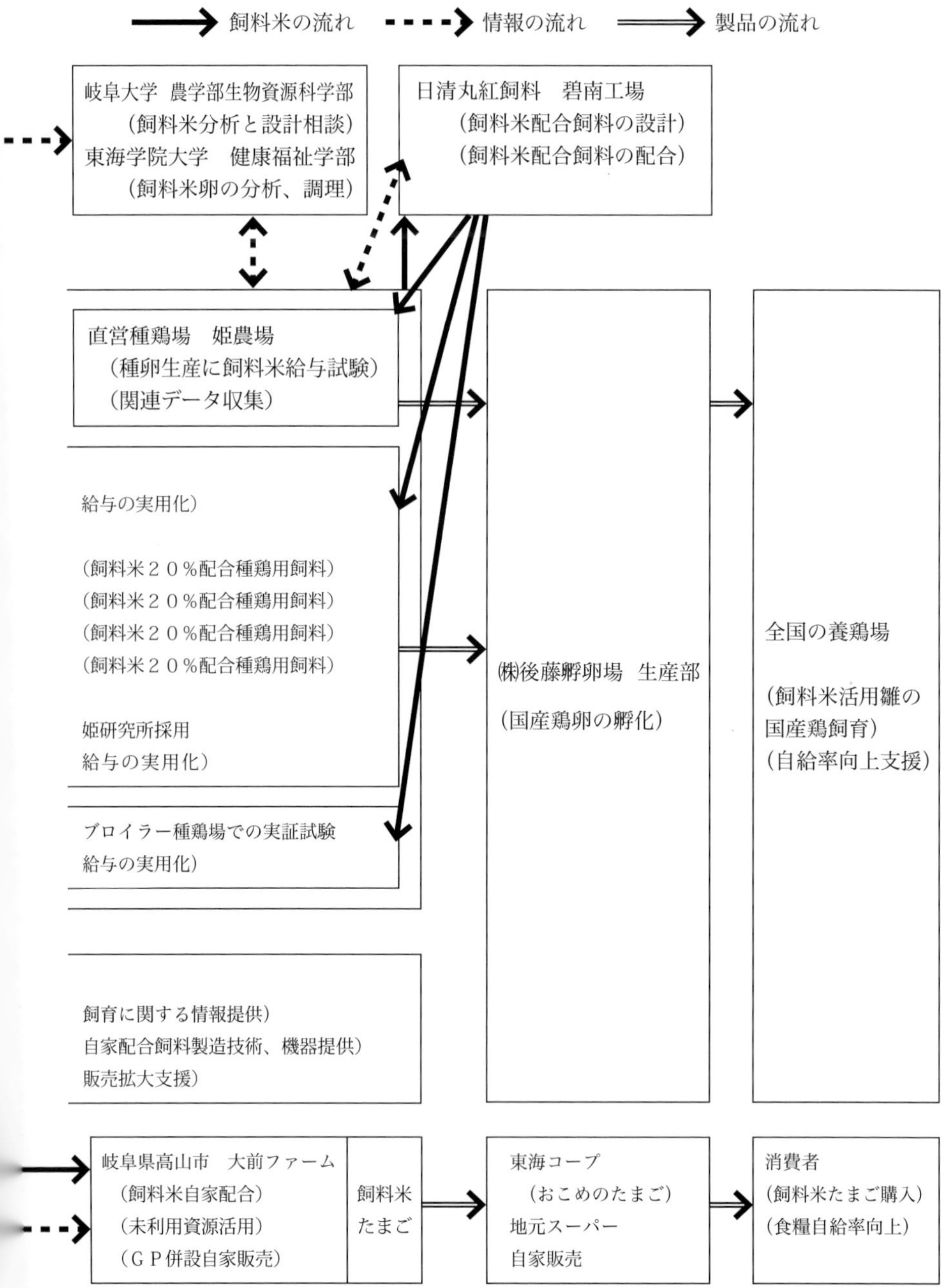
飼料米の流れ
情報の流れ
製品の流れ
岐阜大学 農学部生物資源科学部
（飼料米分析と設計相談）
東海学院大学 健康福祉学部
（飼料米卵の分析、調理）
日清丸紅飼料 碧南工場
（飼料米配合飼料の設計）
（飼料米配合飼料の配合）
直営種鶏場 姫農場
（種卵生産に飼料米給与試験）
（関連データ収集）
給与の実用化）
（飼料米２０％配合種鶏用飼料）
（飼料米２０％配合種鶏用飼料）
（飼料米２０％配合種鶏用飼料）
（飼料米２０％配合種鶏用飼料）
姫研究所採用
給与の実用化）
ブロイラー種鶏場での実証試験
給与の実用化）
飼育に関する情報提供）
自家配合飼料製造技術、機器提供）
販売拡大支援）
㈱後藤孵卵場 生産部
（国産鶏卵の孵化）
全国の養鶏場
（飼料米活用雛の
国産鶏飼育）
（自給率向上支援）
岐阜県高山市 大前ファーム
（飼料米自家配合）
（未利用資源活用）
（ＧＰ併設自家販売）
飼料米
たまご
東海コープ
（おこめのたまご）
地元スーパー
自家販売
消費者
（飼料米たまご購入）
（食糧自給率向上）

図２．飼料米利用実証事業推進体制

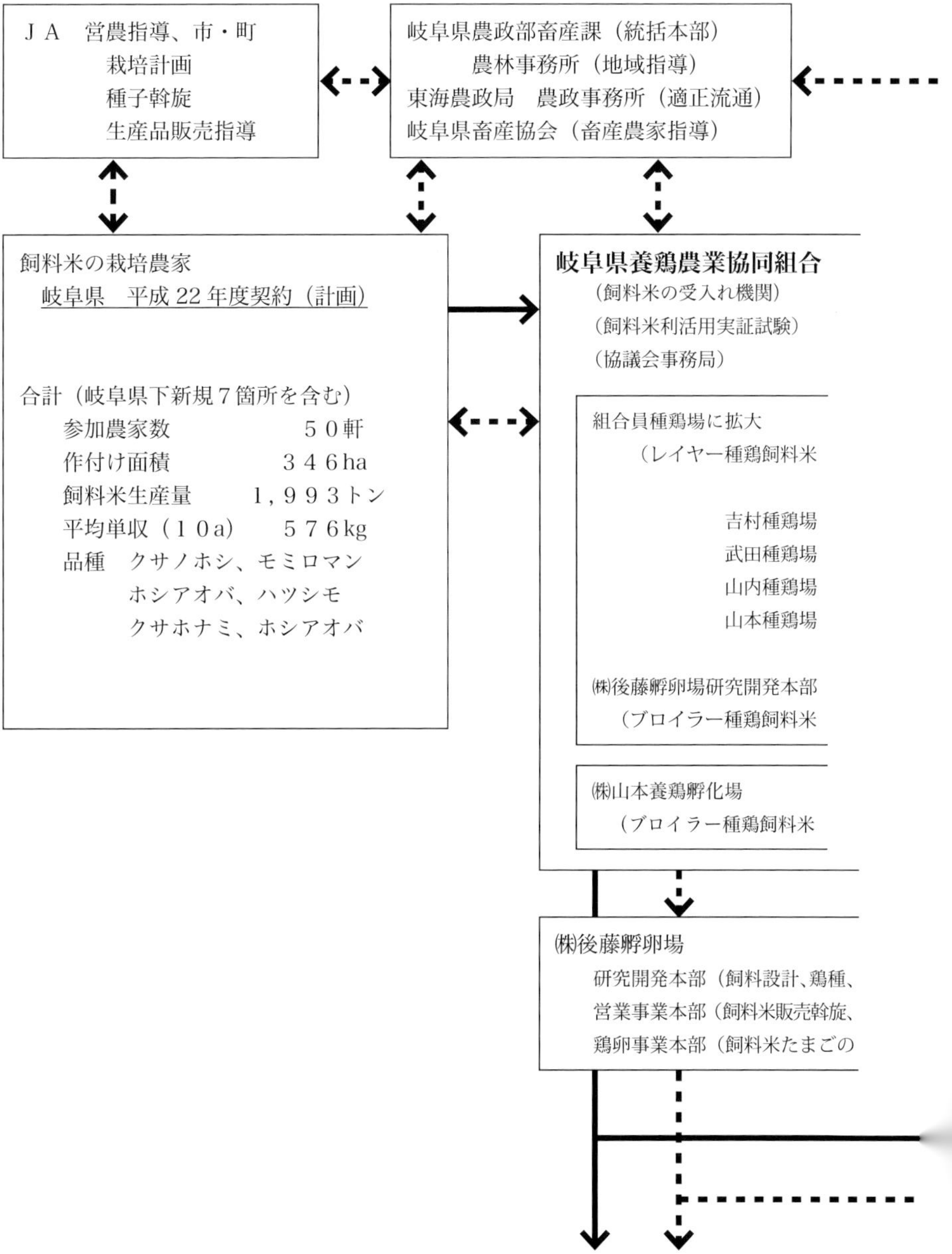
ＪＡ　営農指導、市・町
栽培計画
種子斡旋
生産品販売指導
岐阜県農政部畜産課（統括本部）
農林事務所（地域指導）
東海農政局　農政事務所（適正流通）
岐阜県畜産協会（畜産農家指導）
飼料米の栽培農家
岐阜県　平成 22 年度契約（計画）
合計（岐阜県下新規７箇所を含む）
参加農家数　５０軒
作付け面積　３４６ha
飼料米生産量　１，９９３トン
平均単収（１０a）　５７６kg
品種　クサノホシ、モミロマン
ホシアオバ、ハツシモ
クサホナミ、ホシアオバ
岐阜県養鶏農業協同組合
（飼料米の受入れ機関）
（飼料米利活用実証試験）
（協議会事務局）
組合員種鶏場に拡大
（レイヤー種鶏飼料米
吉村種鶏場
武田種鶏場
山内種鶏場
山本種鶏場
㈱後藤孵卵場研究開発本部
（ブロイラー種鶏飼料米
㈱山本養鶏孵化場
（ブロイラー種鶏飼料米
㈱後藤孵卵場
研究開発本部（飼料設計、鶏種、
営業事業本部（飼料米販売斡旋、
鶏卵事業本部（飼料米たまごの

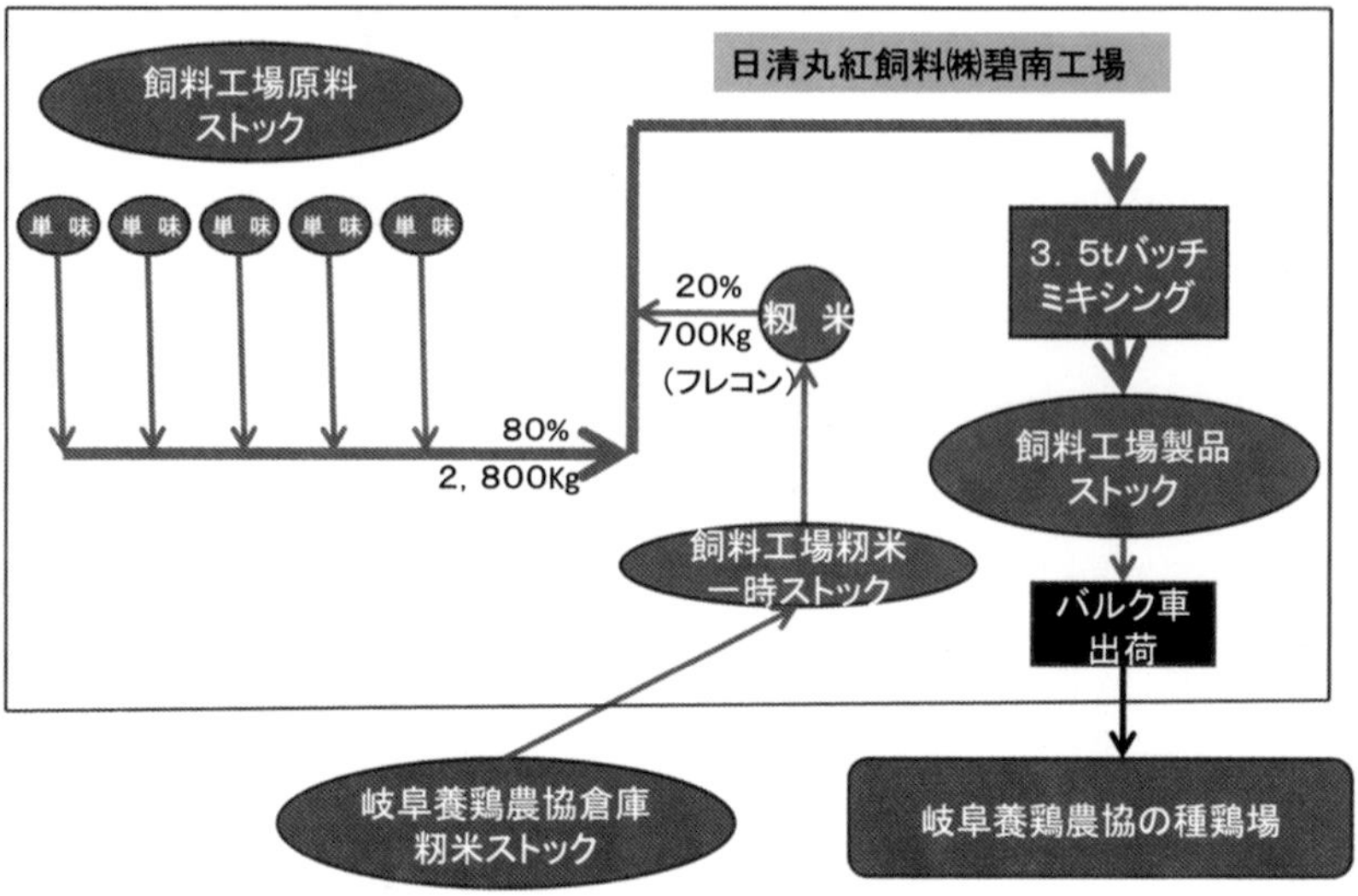

図３．岐阜養鶏農協の籾米指定配合飼料

▼岐阜大学の果した役割▲

先に退職された岐阜大学の大谷滋教授を中心とした、生物学、農学を融合させた応用生物科学部が飼料米の普及促進に果した役割は大きく評価されている。岐阜大学応用生物科学部は、「飼料米（籾）の配合比率が産鶏卵の産卵成績に及ぼす影響」の発表（日本家禽学会10年3月春季大会）で優秀発表賞を受けた。

発表者は村上晶紀さん、共同研究者は八代田真人さんと大谷滋さん。大谷さんは鶏だけでなく牛、豚も含めた「家畜における消化器・消化機構の特徴」研究に早くから取組んでいて、11年2月に公表した「飼料米用の鶏への給与上のポイント」で筋胃の強力な破砕能力と消化性の固い籾殻との相性、効果を詳しく述べた上で飼料米の栄養特性は品種、栽培方法、圃場環境によって栄養、とくに粗蛋白質（ＣＰ）にばらつきがあり、原料として利用するには各種検討、調整が必要としている。

岐阜県産のモミ米はハマサリ、クサノホシ、ホシアオバ、モミロマンがあり、大谷さんは各々の特性と成分を分析、効果的な判断材料を提示する一方「トウモロコシに代えモミ米を適切に配合した場合のCP、ME（代謝エネルギー）の値い、結果」を表示、成長までの育成率、産卵率、卵重に及ぼす影響が認められないと結論、加えて「モミ米給与でトウモロコシとの全量代替が可能になった」と述べている。トウモロコシの配合割合は平均60％、籾米をそのまま置き変え配合しても結果は変らないということで、これは経営全体、コスト、飼養規模の大小に拘らず図り知れない効果といえる。

大谷さんは、「産卵後期にモミ米を主体とする飼料に急変更しても問題はなく、嗜好性も良好」と説明している。

※1　畜産農家全体では前年対比8戸増えているが、採卵鶏農家は廃棄4戸を含め8戸減少している。その他4戸の辞退理由は取引き条件の不一致、飼料米の品質（異物混入など）に関する件によるもの。増加の筆頭は乳牛十一戸、肉牛はゼロから一挙に八戸が採用している。

※2　サトウキビ、トウモロコシ、米などを原料とした〈自動車〉燃料で、当初の主にアメリカ、ブラジル世界二大農業国の農業政策（余剰農産物の処分法）から、近年はエネルギー政策を超えて環境問題にまで進展している。

奥美濃古地鶏と肉用種鶏

郡上地鶏、飛騨地鶏と呼ばれていた日本鶏が昭和四年岐阜地鶏のネーミングに統一され、同十六年天然記念物の指定を受けた。日本鶏の中で歴史がとくに古いという理由が指定の背景で、地鶏純粋種（※1）による銘柄鶏・赤かしわの系統を引く由緒があり、その素材（雄系とし、ホワイトプリマスロックとロードアイランドレッドの交配種の雌系）を生かして平成四年「奥美濃古地鶏」が誕生した。

県畜産研究所養鶏研究部は二十一年秋から飼料米を給与、生産、嗜好、経済性の研究を続けているが、籾のままの給与が可能というメリットを生かし、研究諸項目の効果を上げつつある。

①飼料米によってむね肉質を改善できる可能性がある。それは保水性が高く、やわらかく、ジューシーさが増す傾向が見られた。通常むね肉の食感はパサパサしているが、味覚センサーによる分析結果から僅かながら変化があり、肉の物性に影響することが伺われ②品種とは別に特色ある鶏肉づくりの可能性も考えられる。③ただ、添加率の上げ下げ、臭み、旨み、味の強さ（コク）などは成長に伴い雄雌で差があるとされており、生産効率、肉質の改善にもっとも適する条件を（今後）検討をしていく必要があるとしている。

「肉類すべてを現状の国内産飼料で生産したとすると、日本人が口にできるのは現状の10%に過ぎない。食料を外国に依存しないためにも国内生産を大幅に増やす対策が望ましい（山本養鶏孵化場山本満詳代表、ブロイラ種鶏の事例から）」。英国エビアジェン社の銘柄ブロイラーチャンキーの種鶏（♂ホワイトコーニッシュ♀ホワイトプリマスロック）一九三〇羽（内♀一七一六羽）に籾付飼料米20%を給与、表2「週令による種卵合格率と卵重増」にある結果を得た。

考察の中で山本さんは「卵重の増大、一級ヒナ率アップなどブロイラーふ化に関して大変有意義だった。今後の飼料米給与に明るい道を照らしたと思われるが、各地方（ごとの背景、諸事情）、季節、及び羽数・ロットの実証試験の継続が望まれる」と締めくくっている。

今回（平成二十一年九月七日給与開始）実証試験に踏み切った心情を山本さんは「鶏肉生産に必要な主な飼料原料輸出国はブラジル、中国、タイなど自国人口の増加を控えた国ばかりで、ゆくゆくは輸出ストップ、争奪戦に至る問題を抱え、その到来も遠くない」と見通し推察している。なお同社（岐阜県美濃加茂市古井町）は「奥美濃古地鶏（以下古地鶏）普及推進協議会」メンバーでもある。

古地鶏（肉用）種鶏に飼料米給与の実証研究が進められたのは平成二十一年九月九日（孵化

からで雌雄200羽。供試米・籾は平成二十年産ユメアオバ、添加率は10、15、20％の三区。試験に携わった県畜産研究所養鶏研究部は前述の通り「飼料米によるむね肉質改善の可能性があり、特色ある鶏肉づくりも有望」と結論。今後各種パターンの実験によってさらに改善すべき要点があぶり出され、好結果が得られる筈。

表２．週令による種卵合格率と種卵重

	種卵合格率（%）		種卵重／個（g）	
週令	試験区	対照区	試験区	対照区
34	94.2	94.9	60.0	60.0
35	95.1	95.7	61.2	60.6
36	96.0	96.1	62.0	61.5
37	95.7	97.3	62.4	62.2
38	97.1	93.9	63.5	62.4
39	95.8	97.5	63.8	63.2
40	97.0	97.1	64.7	64.1
41	96.5	97.4	65.0	64.2
42	96.6	97.8	65.7	64.8
43	96.4	97.4	66.2	65.0
44	96.2	97.4	66.5	65.8
平均	96.1	96.6	63.7	63.1

※1　地鶏純粋種（銘柄鶏も含む）の定義は未だ〝暫定〟の域で、確定に至っていないが（一部三章「肉用鶏定義の提案」参照）、一九九四年の日本家禽学会誌「品種と雑種の特定、銘柄鶏と品種・雑種＝前理雄農林水産省家畜改良センター兵庫牧場長」」には45銘柄のうち純粋種による銘柄鶏は肉用名古屋コーチン、赤かしわ、伊予赤鳥のみで、他は品種と品種の交雑、雑種である（高品質肉用鶏研究会調査の会員アンケートから）と記されている。平成十一年、地鶏肉生産方法を明確化するためＪＡＳ（日本農林規格　1、規格制度　2、品質表示基準制度）法による「地鶏肉」が改正制定され、奥美濃古地鶏は平成十三年十一月、認定制度、地鶏特定ＪＡＳ全国二番目の指定を受けた。

▼長期反復試験で完全実施へ▲

卵用種鶏

望月報告（㈳日本種鶏孵卵協会の自給飼料利用拡大調査試験報告　平成二二年度）には「種卵の生産計画に無理のない方法で試験を行った」とあり、姫農場（岐阜養鶏農協直営種鶏場）では解放、高床、平飼い型鶏舎で一群約四二〇〇羽を対象に籾米給与試験に入っている。無理のないというのは雛生産に合わせた飼育ローテーションと必要種卵数を確保可能な条件を指す。

もう一つの視点では本試験は飼料のコスト低減と利用拡大が目的であり、籾米状態での活用が前提であった。しかし種鶏を対象にした飼料米（籾米）給与に関する試験は国内初であり、参考データは見られず、試験開始に当たっては想定されるアクシデントやリスク回避に向けた事前協議が行われた。そして試験規模は最小実用種鶏群規模から慎重に進めることが次善策であったと思える。

この条件下での試験で正しい評価を得るために対照鶏群として吉田種鶏場（岐阜県山県市種鶏群約四五〇〇羽）が設定された。当種鶏舎はスラット付平飼い解放型である。厳密には農場立地や飼育羽数に違いもあるが、二年度に亘る二回（平成二〇年、二一年）の試験と姫農場での数年間の飼育実績を比較することで籾米配合飼料の評価がなされている。

両場の供試鶏は共に㈱後藤孵卵場（本社各務原市）で育種改良された純国産鶏「もみじ」の種鶏であり、餌付け日、育成施設、飼料メーカーは同じである。籾米の給与期間は二〇年度が一〇週間、二一年度は二三週間であり、飼料米を入手した時点で給与試験を開始し、使い切った時点で（新たに入手せず）終了している。なお、供試飼料の成分は対照飼料に合せている（蛋白質、熱量、微量成分）。

調査項目は親鶏の生存率、産卵率、個卵重、給餌量、種卵合格率及び受精率、発生率（対入卵）であった。

試験結果はトウモロコシ主体の対照飼料と籾米20％配合の試験飼料給与による種鶏成績及び孵化成績の個々項目において小差はあるが有意なものではなく、両群には差が無いことが判った。

この結果から望月さんは事例研究の考察で「レイヤー種鶏の餌に20％程度の籾米配合は種卵生産及び孵化成績に何ら影響は無いとの判断で籾米給与効果の絶対評価は出来た」としている。現在、三年間の試験給与を踏まえ種鶏への籾米飼料活用は実用段階に入っている。

今後、さらに今回出来なかった精度の高い評価検証をするためには「十分な飼料米を準備し、大羽数による長期の反復試験を行うと共に小規模でも同一種鶏場（同じ環境条件下）での籾米給与試験を行うことが望ましい」と初回試験を振り返って今後の研究課題を提示している。

二章　循環型農業の柱――会田《あいだ》共同養鶏組合

一．地域の水田環境を守る

――荒廃から殷賑《いんしん》へ――

三反百姓の生きる道を模索していたらロッチデールの原則（※1）に行き着き、水田農家―畜産農家―生活者の図式が生じた。会田共同養鶏組合運営の構想は持続可能な循環社会の形成であり、飼料米制度のスタート後「平成二十年、国産飼料資源活用促進総合対策事業の指定を受け、モデル集団として実証試験に入り、三年経過ののち本格的な事業展開に入った（中島学組合長）」。

組合運営の方向と実証試験（※2）の取組みは鮮やかに融合①村づくりの根幹となる地域の水田、環境を守る　②循環型の持続可能な農畜、生活者連携の実現　③食糧自給率の向上へと舵が切られて行く。

採卵向けの飼料用米に取組んだ背景

畜産側（採卵鶏）

（1）国産生産した地に根ざす安心安全・遺伝子組み換えの無い飼料の調達。

（2）世界的な穀物需要の変化からとうもろこし等穀物価格の上昇による配合飼料価格の高騰。

（3）平成 20 年度国産飼料資源利用促進総合対策事業の活用

飼料用米のメリット（水稲側）

1．水稲で利用する既存の機械施設、技術、労力をそのまま活用して栽培できる。

2．米の生産調整にカウントされかつ、「新規需要米」として国からの新たな助成が受けられる。

3．高齢者、兼農業家などの米なら作れる
（米しか作れない）という農家への普及が可能。
（四賀地区の現状）全国でも 6 割が 65 歳以上

※遊休荒廃地の解消と水田の持つ環境維持機能が維持される。
※耕畜連携による養鶏農家の堆肥を施用した飼料米栽培による循環型農業を推進

畜産・水稲農家共にメリットがある。

二、村長就任でクラインガルテン実現

「平成三年四月、四賀《しか》村の村長を拝命した。かねてから暖めてきた〝理想郷〟をこの手で完結してみようと固く心に誓った（中島組合長）」。現松本市四賀は旧村の82％が山林に覆われ、海抜700～900ｍに自生する赤松の自然林は「あいだの松茸」を育み、桧、唐松の人工造林が幅広く展開、この環境を利用してクラインガルテン（滞在型市民農園）の造成を着想、平成五年議会に提案、平成六年春、20区画をオープンしたが応募世帯は25倍だった。

当初、戸惑いを見せた議会、村民も△ふる里の活性化　△都市生活者の反応　△子供達の歓声に接し濃密な交流が始った。内容の一部を中島さんのレポート「乳と蜜の流れる里（コンサルタント特集〝里地〟二三三号）」から借用した。

「クラインガルテンが始って村びとの意識が開放され、農の偉大さ、村の魅力を再認識、環境保全の意識が高まり、一，八〇〇世帯の生ゴミは各自生ゴミ処理機で中間処理、自家農園に返し、畑のない家庭からは１kg５円で買い上げ、有機センターで〝福寿ユーキ一号〟となり、年間二，〇〇〇トンを超え地域循環を果している」。なお、クラインガルテンは原則テレ

ビ利用はなく、塵箱は一切置いてない。

三．逆転《さかさ》メガネ

中島イズム具体化の伏線は，88年4月、全国養鶏経営者会議、日本リサイクル運動市民の会など有志で結成された「アルプス自然農法研究会」の発足にある。豊かできれいな水の供給は水源に住む者の当然の責任で、都市生活者に配分されるとの主旨で、合鴨放田で除草剤を使わず、テントウ虫ダマシ捕殺の役割を馬鈴薯に託したほか、松本一本葱、坊ちゃんカボチャ、インゲン、桃太郎トマト、茄子、ミニトマト、キュウリ、シソ菜など土を汚さない栽培を実践して、これらすべてJASの認証取得を果している。

中島さんは自ら語っていないが、いままでの、常識を遙かに超えた足跡を辿ってみると、「特攻隊（※3）」を生き残り、拾いものの余生《よせい》〝公〟に尽そう、の哲学が心底に秘められ〈逆転《さかさ》メガネ（※4）〉の発想～不可能に挑み、先を見透す作業を積み重ねてきたのではと想像できる。

三十代から村、県、全国農業養鶏組織のリーダーとして困難なテーマに立ち向い続け、今日に至った中島さんの周りには、選りすぐりの人材が必然的に集っていた。その中にクラインガルテン提唱者の高見裕一さん（財）日本環境財団）からの、妥協を許さない、それでいて豊かな夢を含んだ貴重なアドバイスを採用、昭和三十年代一万人いた人口減に歯止めがかからなかった過疎の中山間農村を過去に劣らず甦らせ、地産地消、国産化推進のテーマ六次産業化のモデルケース「総合化事業計画」の認定を受けることができた。

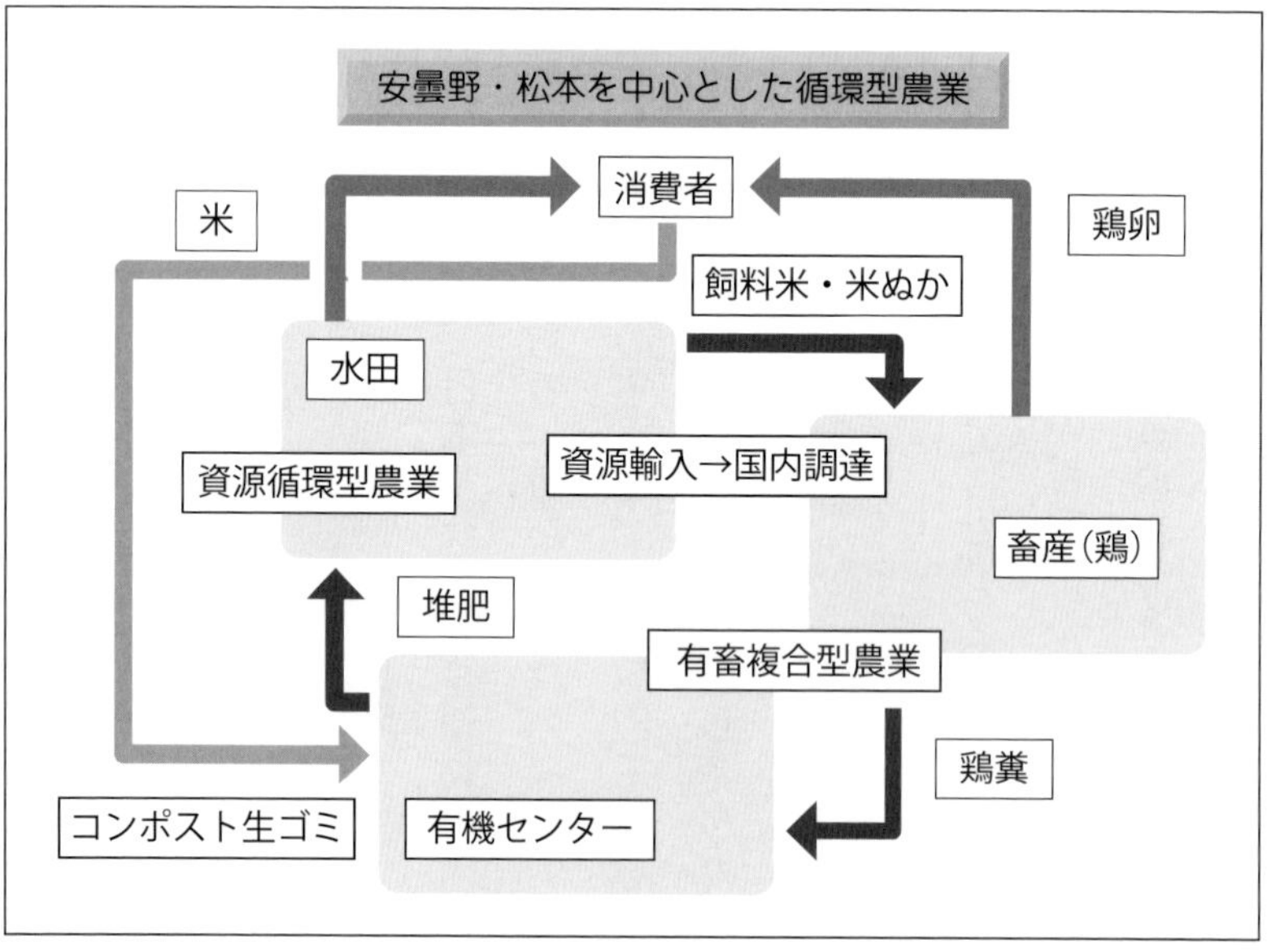

四．六次産業化の道に国産鶏100％がある

平成二十三年五月、組合に認定が下りた「産地活性化総合対策事業」は農林水産省による国策事業。六次産業化推進と共に衰退著しい国産鶏復活の命題がある。同二十四年ゴトウもみじ、さくら、岡崎おうはんの国産成鶏飼育羽数はざっと65％、15万羽近くを占めていた。鶏能力の実績、消費者の反応次第で100％外国鶏からの切り換えもあり得るわけで、ポイントの一つに「日本の気候、風土に合った育種改良、増殖」がある。

六次産業化の市場規模は「日本再興戦略」では20年に10兆円へと現在の十倍増拡大目標を掲げ、新たな六次産業化サポート体制が動き始めている。

全国各地での少ない成功例の中、飼料米を活用して経営、生産品を好調に伸ばしているケースとして中島さんは13年8月「飼料米生産利用拡大シンポジウム」で〈飼料米を活用した耕畜連携〉の実態詳細を発表した。この中で「卵肉兼用種岡崎おうはんの肉加工の商品化とアニマル・ウェルフェア（ＡＷ）の実現をめざす」の二課題は自給率の改善、向上の上からも特に注目された。

肉加工の現状

国産鶏ゴトウもみじ、さくらは共に体重1・9kg～2kgと体躯が大ぶりで、精肉500g～550gの採取が可能（歩留り率は30％弱）であり、供用日齢は520日くらいで廃用にする。

13年5月、食鳥肉加工場一棟（105㎡）を新築して①国産鶏を解体処理し、精肉、加工肉の生産に乗り出し②生鳥そのもので出荷した場合は低価だが、廃用鶏を加工することによって付加価値を高めることができ、プライスアルファーと共に六次産業の目的〈農業経営の安定確保により原料の有効利用、雇用の促進、そして消費者に納得してもらえる商品の提供〉が行え、現在新商品を開発中で「たまごの駅」で試験販売とし、近く本格的に打ち出し、さらにヒントを集めメニューの多様化をめざしている。

動物福祉（AW）の現状

動物福祉（A《アニマル》W《ウェルフェアー》）の実現には①快適な生活環境と、防暑対策として平成二十一年から開放型平飼鶏舎に切り換え②自動集卵機を廃止、手作り木製ネスト（産卵箱）集卵を実施③収容羽数は坪14羽とスペースを拡げ、さらに④組合発足以来の原理原則自家配飼料工場（昭和五十五年一，〇〇〇トン能力のオートメーション化実現）による独自配合を継続、そのねばりが、先の「実証試験」でより一層の効果に結びついている。さらに、年ごとに増える飼料米の収穫に備え、平成二十二年度事業で300トン収容の飼料倉庫を新設、こうした取組みのバックボーンはすべて「地域環境」の死守にある。

自然に逆らわず、自然とともに生活、作業するの理念、行動は、二千三百年前秦国四川盆地に建設された「都江堰《とこうえん》」の目的、完成に遡ることができる。

※1　ロッチデール公正先駆者組合は一八四四年十二月、ランカシャ（綿紡地帯）のフランネル織物工委員によって開設された。①民主的運営　②自由加入・退会制度　③出資金利子固定と制限　④購買高配当　⑤現金取引　⑥品質本位の商品販売　⑦教育推進　⑧政治的、宗教的中立を原則としたが、時代、国際情勢により一九九五年七つの原則が指針とされた。

※2　実証試験の目的は生活クラブ生協と安心安全な卵の生産、循環型農業を確立するため耕作農家と共に連携を図って栄養価値の高い飼料米の利用を拡大、国産農畜産物自給率の向上をめざす。

※3　神風（航空）特別攻撃隊の略称。昭和十九年十月編成、終戦（二十年八月十五日）まで続いた。体当たり、自爆攻撃を前提とした部隊戦術で、隊員の多くは二十代前後の若者。

※4　脳の驚くべき適応力ときに〝常識を覆す発想〟を実験した知覚心理学者G・M・ストラットンによって証明された理論。上下サカサメガネの世界を何日間も経験後メガネを外すと掛けた時と同じ激しい視野の動揺が起こるが、数時間で改善——復元する。

馬鹿だなあと言われても
自分でエサまで作らないと
ほんとうに健康な鶏さんには
ならないんだよ
人間さんも一緒だと思うよ、
「生ませる」じゃダメで自然に「生まれる」
これが僕らの育て方なんです。

会田共同養鶏組合会社案内から

第四部

次世代家禽育種の動き

一章　採卵鶏育種改良における遺伝育種学

後藤　直樹

あらゆる生物種を対象に遺伝学的研究が大きく進展したきっかけは、1900年のメンデルの法則の再発見である。以来、それと同時に家畜や栽培植物における育種学的研究も大きく発展してきた。動植物の遺伝育種改良においては、質的形質と量的形質の2種類の形質について切り分けて考えることができる。質的形質とはある形質が1つまたは2つ程度の、少数の遺伝子で決定されている形質で、メンデルが遺伝の法則の発見に至った形質は1つの遺伝子で決まる質的形質だった。一方、量的形質とは複数の遺伝子の効果の総和によって支配されることが多い形質で、品種改良で重視される形質（経済形質）のほとんどが量的形質である。ニワトリにおける質的形質には鶏冠、皮膚色、羽色、羽性等があり、量的形質は、生存率、産卵率（産卵数）、卵重、飼料摂取量、飼料要求率、卵殻質、卵殻強度、卵白高、卵黄重等、多彩である。採卵鶏育種改良の進歩の背景には、これらの形質に対する遺伝的研究の発展がある。

▼質的形質における遺伝育種学▲

ニワトリの質的形質においては、メンデルの法則の再発見直後の1902年に「白色皮膚」の遺伝様式が報告された。同時に、鶏冠の「マメ冠」と「バラ冠」の遺伝様式についても明らかにされている。他にも、1908年には「クルミ冠」、「重複冠」等の遺伝様式の報告もされている。1910年代以降には、羽装色突然変異などの形態学的突然変異をはじめ、数多くの突然変異の発見、ならびにその特性および遺伝様式に関する研究が行われてきた。この種の突然変異研究は、ニワトリの経済性に係るものではなく、形態学的なものがほとんどであった。これらの研究は、1970年代までは盛んであったが、1980年代より漸減し、1990年代以降はほとんどみられなくなった。一方、21世紀になると、かつて発見された突然変異の原因遺伝子そのものを分子遺伝学的に同定する研究が行われるようになった。現在では、数種の突然変異についてその原因遺伝子が同定されている。

これとは別に、1960年代以降の電気泳動法の普及により、ニワトリにおいて、血液型、各種臓器におけるタンパク質多型、酵素多型などの生化学的形質に対する遺伝分析が多く行われるようになった。1970年代にはその最盛期を迎えたが、1980年代後半からはその数が少なくなり、1990年代以降はほとんどみられなくなっている。しかしながら、その経済性とは関係なく、各種の突然変異形質ならびに生化学的変異に着目して、これまでに多くのニワトリの研究用系統が造成されている。

生化学的形質の多型解析が1960年代以降進んだことがきっかけとなり、生化学的形質多型に基づいてニワトリ品種の遺伝的変異性や遺伝的類縁関係を明らかにしようとする集団遺伝学的研究が、1970年代後半から1990年代の始めにかけて展開された。しかし、1990年代に入るとその報告はほとんどみられなくなった。

生化学的形質の多型解析に替わって発展したのが、マイクロサテライトDNAの多型解析である。1990年代後半より、マイクロサテライトDNA多型に基づいた集団遺伝学的解析が行われるようになり、2000年代に入ってから、その数は漸増している。更に、マイクロサテライトDNAの多型利用と並行して、ミトコンドリアDNAの塩基配列多型を利用した集団遺伝学的解析も行われるようになった。

▼量的形質における遺伝育種学▲

量的形質における遺伝育種学の発展は、１９１８年以降の、Haldane, Fisher, Wright の３大巨人と呼ばれる研究者による集団遺伝学理論の発展に端を発している。この時期において、個体あるいは集団ごと、形質ごとの能力を統計的に比較して選抜育種が行われ始めたが、これはまだ選抜精度に欠けるものであった。遺伝率の高い形質（例：卵重）については選抜の正確度は50％を超えるが、遺伝率の低い形質（例：産卵率）に対しては30％程度と低い値であった。もっとも、この時期に遺伝率の概念はなく、遺伝率の概念は１９４８年に Lush がその推定方法を述べたことで始まっている。更に、この時期の育種改良における選抜は、各種の量的形質が総合的に判断されるものではなかった。

１９４０年代になると、各種の量的形質を総合的に評価しようとする動きが出始め、統計学を取り入れた理論が発展した。１９４３年、Hazel が家畜育種のための選抜指数理論を発表し、複数の形質を総合的に評価・改良することを可能にした。しかし、この時の選抜指数式は、指数式に盛り込んだ特定形質を一定方向に導くだけのものであった。その後、KempthorneとNordskogが、特定形質を指数式に組み込みながらも改良度を制限できる制限選抜指数式を1960年に開発した。あいにく、当時は選抜指数式の計算を手計算で行うしかなかったために、その計算には多大な労力を要していた。ところが、コンピュータが1960年代後半に登場すると、指数式の計算がそれまでよりもはるかに容易になり、1970年代には指数式を用いる育種法が普及することとなった。選抜指数式による選抜の正確度は、遺伝率の高い形質については70%程度、遺伝率の低い形質に対しては60%程度である。

1970年代に入ると、統計育種理論は更なる発展を遂げることとなる。1973年にHendersonが最良線形不偏予測（Best Linear Unbiased Prediction；BLUP）法の総括を行ったのを契機に、育種価予測にBLUP法を用いることに関心が高まった。BLUP法は複雑な計算を必要とするため、当時のコンピュータを用いてもその計算（プログラミング）には多大な労力を要していた。ところが、1980年代に入りコンピュータ技術が飛躍的進化を遂げたと同時に、BLUP法にもいろいろと改良がなされるようになった。BLUP法のなかでも、Hendersonが１９８４年に発表されたアニマルモデル（個体モデル）は、対象個体自身が記録をもっている場合の個体自身の育種価予測を可能とした。このモデルの発展に伴い、ＢＬＵＰ法がニワトリの育種改良にも受け入れられるようになり、１９９０年代には各育種会社がＢＬＵＰ法の採用を始めた。この頃にはパーソナルコンピュータが普及し、多大な投資をしなくともＢＬＵＰ法を導入できる環境も整っていた。ＢＬＵＰ法による選抜の正確度は、遺伝率の高い形質と低い形質において、それぞれ80％程度と70％程度である。

　１９８０年代後半になるとＱＴＬ解析法が登場した。ニワトリで最初のＱＴＬ解析に関する論文報告がなされたのは１９９８年のことである。ＱＴＬ解析法は、ＤＮＡマーカーを用いて目的とする有用遺伝子座の染色体上の位置を知る方法である。この方法が可能となった背景には、マイクロサテライトＤＮＡマーカーの開発、統計理論の発展、そしてコンピュータの飛躍的な発達がある。２０１５年時点では、ニワトリでは、308の形質に関与する４５２５のＱＴＬが報告されている。このＱＴＬ解析において、２０１０年頃までのマーカーの主役はマイクロサテライトＤＮＡであったが、その後は、Single Nucleotide Polymorphisms（ＳＮＰ）マーカーを用いた、より詳細な解析が行われるようになった。現在、ニワトリにおいては60万のＳＮＰ解析が可能なＳＮＰチップが開発されている。

ＱＴＬ解析を行うことにより、マーカー情報を利用した正確で効率的なマーカーアシスティッド育種（Marker Assisted Selection：ＭＡＳ）が可能となり、ＱＴＬ解析法に基づく選抜の正確度はこれまでの統計的遺伝学を更に上回る90％以上まで向上した。現在では、単なるＱＴＬ解析やマーカーアシスティッド育種ばかりでなく、マーカー情報とＢＬＵＰ法を融合させた育種法（Marker Assisted Best Linear Unbiased Prediction：ＭＡ－ＢＬＵＰ、もしくはGenomic Best Linear Unbiased Prediction：Ｇ－ＢＬＵＰ）が育種の現場で用いられるようになった。更には、ＱＴＬの染色体上の位置情報と全ゲノムシークエンシング情報に基づいたQuantitative Trait Gene（ＱＴＧ）そのものを同定しその多型情報を利用した育種法の展開も始まっている。

ユラヌス

▼養鶏産業における遺伝学の応用▲

養鶏産業においては、これまでに述べてきた育種法そのものとは別に、経済的効率追求の必要性によって遺伝学を応用している面がある。例えば、初生雛における性判別は必須事項である。この性判別において、１９３０年代以降は、日本人が開発した特殊技術「肛門鑑別法」が世界を席巻して来た。しかしながら、「肛門鑑別法」は特殊技術であるために、その技術者（鑑別士）の育成は容易ではなく、また鑑別士の雇用費は雛生産コスト上昇の要因にもなった。このため、１９８０年代になると、各育種会社は伴性遺伝を利用した羽毛鑑別法の開発を急いで行った。羽毛鑑別法には、初生綿毛色に着目する羽色鑑別（主に褐色羽装鶏に利用）と、初生時の主翼羽の長さに着目する羽性鑑別（主に白色羽装鶏とその交配種に利用）がある。羽色鑑別では横斑遺伝子（Ｂ）もしくは銀色遺伝子（Ｓ）を利用し、羽性鑑別は遅羽性遺伝子（Ｋ）を利用している。現在では、一部の例外を除き、レイヤーおよびブロイラーともに、コマーシャル雛の性判別には羽毛鑑別法が使用されている。

羽毛による雌雄鑑別が可能なコマーシャル雛の作成にあたっては、その両親となる種鶏において、羽性あるいは羽色の遺伝子型が固定されている必要がある。多元交配が主流となっている育種産業の現場では、種鶏より更に上流に位置する原種・原々種系統鶏での遺伝子型の固定が必須となる。これまで、羽毛鑑別の精度は向上し、特に羽性鑑別法においては99％以上の正確度で鑑別が可能となっている。しかしながら、原種・原々種系統において羽毛関連遺伝子の固定を図る場合、表現型から遺伝子型を推測するため、遺伝子型の判定には人為的な誤りが入り込む余地があり、コマーシャル雛における鑑別精度を下げる原因となる。この人為的誤りの入り込む余地を取り除き、鑑別精度を100％とするために、育種会社ではDNA解析技術を導入している。既に遅羽性遺伝子（K）の塩基配列はほぼ明らかとなっており、雄個体のもつ遅羽性遺伝子型において、ホモ型（K／K）であるかヘテロ型（K／k＋）であるかの判定がDNA解析によって可能となっている。羽毛・羽性鑑別は質的遺伝学の応用である。しかしながら、その精度を上げるためにもDNA解析の利用が必須となっている現状がある。

日本の養鶏産業においての転換点は1962年の初生雛輸入解禁にある。この輸入解禁を境に、レイヤー、ブロイラー共に海外資本由来のニワトリが漸次普及し、現在では日本市場を席巻している。その一方で、１９８０年代後半からは、より美味しい卵肉を求めて、日本在来鶏を利用したニワトリづくりが各県で行われ始めた。現在、「特殊ＪＡＳ地鶏」として幾つかのものが販売されている。この特殊ＪＡＳ地鶏におけるブランド保護あるいはブランド力向上のために、ＤＮＡマーカーを用いることにより偽ブランドの入り込みを阻止し、消費者の信頼を高めようとする動きもある。ＤＮＡマーカーによる識別は、名古屋コーチンや比内地鶏において既に開始されているが、識別の為のＤＮＡマーカー探索に用いられた鶏群の偏りによる識別方法の適用範囲制限が残っている。

一方、品質管理の側面から、育種会社は自社系統鶏におけるＤＮＡプロファイル作成を行っている。育種会社における純系統群は長年にわたり閉鎖鶏群となっている場合が多く、各系統群は各々異なったＤＮＡマーカーの組み合わせパターンを保持している。コマーシャル鶏は純系統群の多元交配から成り立っているため、各ブランドコマーシャル鶏のマーカーパターンも異なる。純系統群のＤＮＡプロファイリングが完成すれば、仮に誤った系統鶏の使用や混入が原々種・原種・種鶏の各生産ステージで起きたとしても、どの系統が誤って使用・混入されたのかトレースが可能となる。更に、ＤＮＡプロファイリングの精度が増すことによって、特定経済形質における優位性の有無を初生雛の時点で明らかにすることができる。加えて、純系統鶏間のヘテローシス効果予測が可能となり、組合せ交配実験の効率化も図れる。現在の数倍以上の速度で育種改良が進み、新たなコマーシャル系統の作出が可能となる基礎は、既に完成しつつある。

㈱アイエスエージャパン　代表

マース

二章　世界の採卵鶏産業の変化

後藤直樹

世界の鶏卵生産量は、1962年では1474万3000トンであったが、50年後の2012年では6637万3000トンと、約4・5倍に脹れあがっている。しかし、この増加動向は世界の各地域で異なっている。アフリカ、アメリカ、オセアニア、ヨーロッパのいずれの地域でも増加していることは確かであるが、アジアで特異的に増加している。1662年は301万8000トンが、2012年では約13倍の3922万1000トンに増加している。アジアの世界全体における鶏卵生産量割合も20%から50%にまで増加し、アジア地域が鶏卵生産量を牽引する形となっている。アジア地域が最も増加した要因は、インドや中国をはじめとする国々での爆発的な人口増加であり、また、鶏卵が宗教的背景にとらわれることなく受け入れられる安価なタンパク源であることが考えられる。世界の鶏卵産業に係る企業にとって、いまやアジア地域は重要な戦略地域となっている。

　世界における採卵鶏の飼養システムは、一つのケージに5〜10羽弱を入れて飼養するケージシステム（以下、従来型ケージ）が一般的である。この飼養システムの進歩で、単位面積当たりの鶏卵生産量が大きく増加したことも事実である。しかしながら、この生産性を高めた従来型ケージシステムに逆行する形で、その使用を禁止する動きがある。いわゆる動物愛護・動物福祉と呼ばれる動きで、鶏が自由に羽を伸ばせない従来型ケージでの飼育は好ましくないとの考えである。ヨーロッパ、特にEU圏では従来型ケージが全面的に禁止され、その飼養形態が大きく変化している。また、ヨーロッパに追随して、オセアニア（ニュージーランド、オーストラリア）も同じ方向へ向かいつつある。米国では、動物福祉への配慮から、エンリッチドケージシステム導入を推進する動きが鶏卵産業界で見られるが、ケージ飼育そのものを禁止しようとする動きもあり、今後の動向は不透明な状況となっている。

　EU27ヶ国の2012年における鶏卵生産量は703万3000トンであるが、上位6ヶ国で約66%が占められている。一番の生産国はスペイン（12・3%）であり、続いてフランス（12・2%）、ドイツ（11・7%）、イギリス（9・9%）、イタリア（9・9%）、オランダ（9・8%）となっている。一方、非従来型ケージへの対応は各国様々である。イギリスは、4割強がフリーレンジシステム（放し飼い）、オランダ、ドイツでは多くがアビアリーシステム（平飼い）、スペイン、フランス、イタリアではエンリッチドケージもしくはコロニーケージシステムが主流となっている。また、最近鶏卵生産量が増加しているポーランド採卵鶏農場のおよそ85%が、エンリッチドケージシステムを導入している。

ＥＵ各国は動物愛護・動物福祉の考えに押され、２０１２年に全面的に従来型ケージでの採卵鶏飼養を禁止したが、現在はそれ以上の福祉項目の追加を求める動きがある。一つは、ビークトリミング（断嘴）の禁止である。通常、ビークトリミングは熱刃により行われている。この方法は、出血を伴い鶏へのストレス負荷が高いため、全面的に禁止されつつある。一方、出血を伴わない赤外線照射方式については許可されているが、一部の国では嘴の切断そのものが問題として、２０１６年〜２０１８年の間にビークトリミングそのものを禁止する議論がなされている。更にもう一つの議論は初生雄雛の扱いにある。採卵鶏産業においては卵を産まない雄は不要なため、初生雛で殺処分されている。この処分も動物愛護・動物福祉の考えに反するとの考えが広まり、大きな議論となりつつある。現在、殺処分は禁止されていないが、産業界はその対応策の検討を始めている。家禽関連研究所や孵卵器メーカーでは、孵卵中の雌雄鑑別が行える技術開発を進めている。また、育種会社は、雌が採卵鶏、雄が肉用鶏となる新型の卵肉兼用種の開発を行っており、既にその第一段階の雛販売も開始されている。

動物愛護・動物福祉は、採卵鶏育種会社の研究開発プログラムにも影響を及ぼしている。先に述べた新型の卵肉兼用種開発がその一つである。一方、従来型ケージでの飼養が行えなくなるために、これまでの産卵数や飼料効率を重視する育種プログラムで重要ではなかった形質まで、その選抜基準に取り込む必要がある。具体的には、鶏のネストでの産卵習慣（巣外卵癖）、ツツキ（カンニバリズム）癖、羽装状態維持、抗病性等の形質である。これらの形質項目が、動物福祉対応として、既に育種改良プログラムに取り込まれている。

ＥＵ内での動物福祉の考えは、スーパーマーケットにおける鶏卵販売方法へも波紋を及ぼしている。大手スーパーは、ケージ飼養から生産された鶏卵の取り扱いは行わないとして、自らが動物福祉に真剣取り組んでいることを積極的にアピールしている。現在、動物福祉の考えを早くに把握し、消費者へのアピールに成功しているところが大きな利益を得ている。

この様に、動物愛護・動物福祉の考えは、鶏の種を作る育種会社から、種鶏生産、鶏卵生産、そして鶏卵販売までの産業構造ピラミッド全体にインパクトを与えている。ヨーロッパに見られる動物愛護・動物福祉が世界的にどこまで波及するのか、世界の鶏卵産業界の関心は高まっている。世界的に広がることになれば、これまでの鶏卵産業の構造は大きく変わることになる。

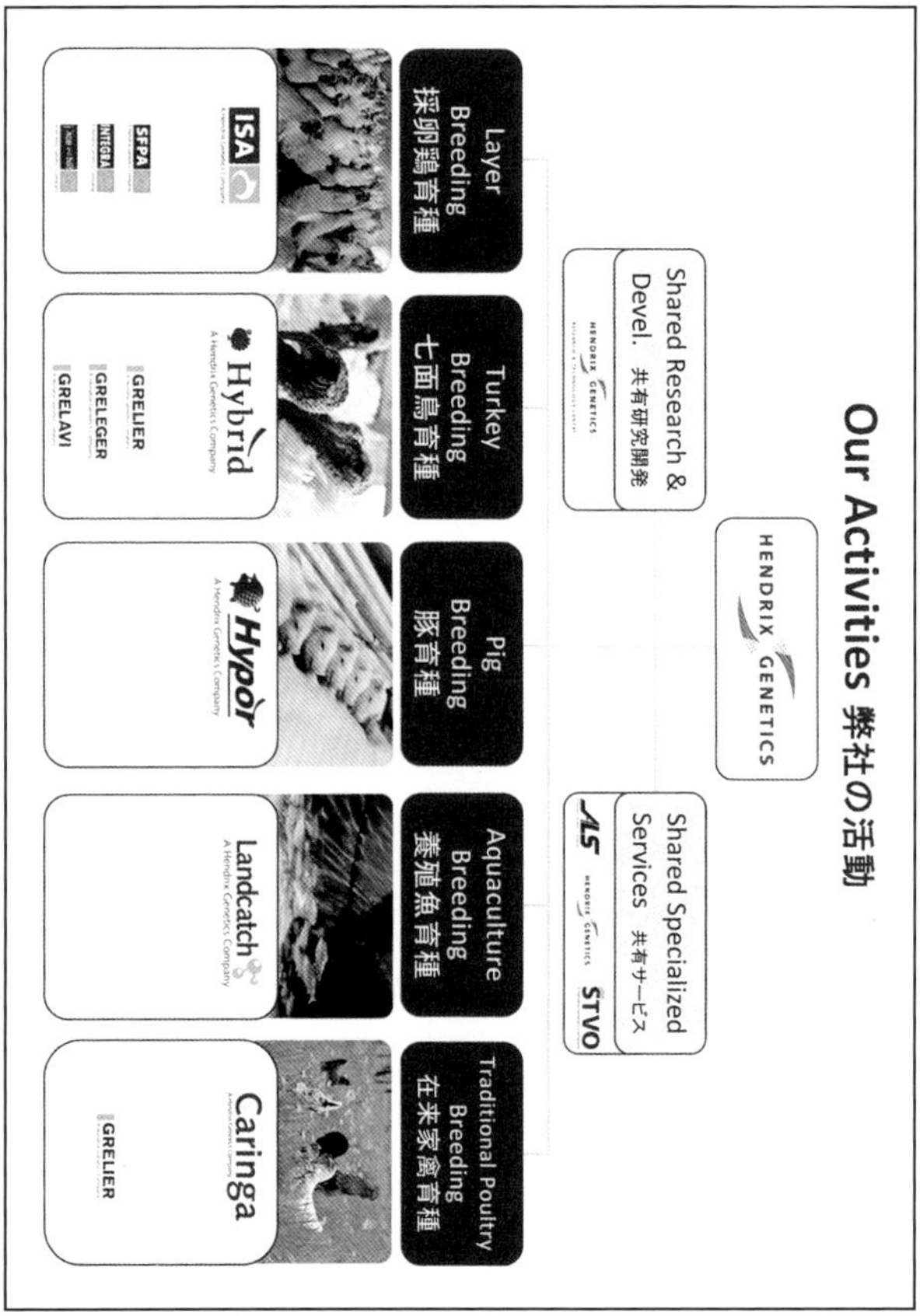

㈱アイエスエージャパン　代表

三章　家禽胚性幹細胞《ES》樹立に向けて

次世代家禽育種に取組む各種戦略の構築、新規活用法は、養鶏新時代における、重く、待遠しいテーマだ。信州大学教授（農学部生産科学科動物発生遺伝学研究室）の鏡味裕さんは、二十年以上前から「家禽胚性幹細胞の樹立」に向け研究を続けている。

いったん自分（細胞）が何になるかを決め、（各器官に）分化、完了（した後）、もう一度初期化（元に戻り）して、何にでもなり得る万能細胞を作る方法を家禽対象に研究している経過を、鏡味さんは、「家禽幹細胞分化制御に関する研究の現状と展望（05年2月）」として日本家禽学会誌に発表した。

同時点までの研究成果に対して、鏡味さんは日本農学進歩賞、日本家禽学会奨励賞、日本畜産学会大会ポスター賞など受け評価されているが、これらの中でも光彩が一際《ひときわ》見られるのが後藤養鶏学術奨励賞だった。

一九九六年七月、岐阜市長良川河畔のホテルで開催された㈶後藤養鶏学術奨励賞・奨励金の授与式で鏡味さん（当時農水省畜産試験場遺伝子制御研究室）は、「鶏の生殖細胞の発生分化に関する発生工学的研究」に対し後藤静彦理事長から奨励賞を手渡され、「幹細胞（※1）の分化制御――鳥類初期胚から様々な臓器の発生し得る幹細胞を分種、この細胞の発生組織・臓器・個体を再生する」ことで、生物工場としての鳥類の新規能力の利用に結び付け、実用化へ確かな一歩を踏み出したといえる。

多能性細胞（※2）によって実現が待たれる項目は、1．遺伝子導入家禽の作出、2．雌雄産み分ける、3．クローン個体作出、4．希少家禽の再生、5．病気に強い免疫体などで、次世代家禽育種に向け大いに期待される。例えば5．の抗病性の高い～遺伝的に固定された～「品種」が樹立された場合、養鶏産業にとって永遠の課題といえる鳥インフルエンザ克服へ、手がかりのひとつが或いは見つかる、夢を脹《ふく》らませられるかも知れない。

また4．では、銘柄鶏、地鶏さらに観賞用日本鶏の保存、復元の可能性が高まることも考えられ、経済性、生産効率面での寄与は図り知れない。

▼確実な遺伝資源の保存▲

一方2010年、農研機構畜産草地研究所の田上《たがみ》貴寛さん（家畜育種増殖研究チーム）は、天然記念物「岐阜地鶏」の〈始原生殖細胞〉を代理親となる白色レグホーン胚へ移植、代理親同士の交配からの岐阜地鶏を個体復元することに成功した（始原生殖細胞と生体の同時保存によるニワトリ遺伝資源の効率的保存システム）。

このシステムによる活用面は、「岐阜地鶏以外のニワトリ品種・系統、その他家禽、希少鳥類への応用が可能だ」（田上貴寛）として、これまでの「受精卵採取の機会に制約があった」点から開放される（田上レポート）と。

「iPS／ES細胞を使った再生医療の研究は、今のところ臨床研究のステージに進んでいるのは細胞そのもの、あるいは細胞シートを移植することで効果が発揮できると考えられるものが多い」、同分野のトップランナー山中伸弥さん（京都大学iPS細胞研究所）は、「再生医療用語ハンドブック（日本再生医療学会）再生医療概論①」で述べ、さらに「一方で、iPS／ES細胞を使って立体的な構造や生体内と同じ機能を発揮する臓器を作る研究も進められている」と、〝樹立〟への道がそれほど遠くないことをほのめかしている。

ただ、残された謎、解決すべき課題が多いことも指摘、その実現には多くの研究者による相乗効果が必要と説いている。

※1　ES（embryonic stem cell）細胞（胚性幹細胞）は、着床前の初期胚（主に胚盤胞）に由来する多能性幹細胞。多能性とは三つの胚葉すべてに分化する能力を指す。幹細胞は自己複製能と分化能をあわせもつ細胞と定義されるが、どの程度の自己複製能をもって幹細胞とするのかは明確には規定できないのが現状という。

※2　複数の種類の細胞に分化できる多能性幹細胞は、胚葉という細胞集団構造の単位で表わされ、外胚葉、中胚葉、内胚葉の三胚葉で形成される。胚葉は大まかな細胞分化運命の単位で、外胚葉からは神経、皮膚、内胚葉からは消化管とその付属臓器、肺などが形成される。

中胚葉はさらに三つに分かれ、脊索、体節を経て骨、骨格筋、真皮などに、さらに心臓、血液、血管などが形成されると示唆されているが、厳密には存在は証明されていない（再生医療用語ハンドブック）。

鶏を図案化して

野中菜摘

私が今回装丁をしていく中で意識したことは、同じジャンルでどうしたら目立つのか、際立たせるにはどうすれば、ということでした。

目玉焼、オムレツ、可愛いらしいヒヨコ、この程度のイメージしか浮ばない中で何をどう表現し、作品化するのか見当もつかなかったのですが、依頼者からの資料を読み返し、具体的な意図、説明を聞いてとくに対象者の中でも十代、二十代の人に関心を持って欲しいの思いが感じられ、私自身の年代でもありスタートしました。

私は派手な配色、コミック調、キャラクターチックなデザインが好きで試行錯誤を繰り返し、いくつか案を提示しましたけど決定打にならなくて、どうすればいいか分からない状態に陥ったりしました。

およそ一年経った頃、いったんボツになった最初の案の内のひとつにたどり着き、一番納得のいく形で終わることができました。

この道をこれから歩いていくつもりでいますが、今回の経験から創意工夫の裏付けには難しさ、美しさを測る体験、眼力、掴みとる能力、そして行き詰った時も楽しみ、考えられる力を養うことが必要だと知りました。

鶏の世界が、まだ少ししか分からないけれどもこんなに入り組んでいて、人の生活に食い込んでいる一端を知りびっくりです。

この本を手にとっていただく皆さんの第一歩になれば良いなと思いました。

なお、裏表紙のイラストは生物学的には逆です。正しくは左のイラストのとおりです。私の「いたずら」心をお赦し下さい。

あとがきに代えて

——後藤静一と高井法博——

人の生きる道を選ぶのに何となく身を委《ゆだ》ね、運命の流れに乗る「成り行き」か、自ら「決意」するの二通りがある。両氏は強固な意志、行動力で「決意」を貫き、開花させていったが、そこには共通の理念、メッセージがあり、顧客はじめ周囲の人達にときに厳しく、暖かく、熱く、育《はぐく》むスタンスは不変であった。「客あっての芝居という考えは違う。いい芝居があって初めて客（参加する人々）が来るのだ（作家山本周五郎〝虚空遍歴〟）。芝居を生産者、中小零細企業者に置き換えて亡き静一さん、現役の法博さんとの応答を想像すると、両氏の辿った道程、偉大さがストレートに評価できるし、ワクワク感を覚えるが、一つ「美化」してはならないことを心して記述したいと思った。

後藤静一さんは鶏を通して養鶏産業に携わる多くの人のお役に立ち、豊かな農業を発展させたい。高井法博さんは中小零細企業の成長、発展を願い、経営指南書作製、指導・適切なアドバイスによって700社の経営をサポート「健全な事業の達成を」と40年の歳月を費やし、正直・誠実に徹し、邯鄲《かんたん》の夢（※1）を警告してきた。

養鶏に新時代が来た、は何を伝えたかったのか、主題はと言えば「国産・日本鶏の現状、行方」だった。12年2月、国産鶏育種改良三代記を手にして編著者の想い、情感はむしろ業界外、一般、とくに10代、20代の人々と共有すべきと感じた。さらに地産地消のより高い普及度、飼料用米制度の促進、鳥インフルエンザ（高病原性H５N２）の発生抑止、防御対策、三項目の徹底に取組むには〝新しい酒を古い皮袋に〟、ゴトウヒヨコの歴史の一端を追い求めることで答の何かが見つかるかも知れない、が当初プランの柱だった。

構想のハンドルは少しずつ諸氏、諸賢の叱責、示唆、助言で予期せぬ方向に替《かわ》っていった。これまで金、地位に縁遠かったが人には恵まれ、T・M氏の指摘、援言は骨身に沁み、背筋に氷が！もので、当時の自分には眼先だけしか見えていなかったと痛感している。

父は四十八才という若さで脳溢血に倒れた。高校進学を一度は断念するも、その際、担任教師に連れられて会った人が後藤孵卵場の後藤静一社長である。「この出逢いが私の運命を大きく変えた（高井法博〝人生は出逢いである〟以下著書）」。奨学生第一号に選定され県立岐阜商業高校に入学、卒業後同社に入社。企画室長、県内養鶏関連団体の事務局長など経、社内プロジェクトを立ち上げるときは必ずメンバーに選抜され、貴重な実務経験を積み重ね、後藤会長の許しを得て三十一才で税理士として独立、開業にこぎつけた。

「当時会長になっていた後藤静一氏は、退職する私をアメリカの食肉業界の視察メンバーに加えて下さった。会社を間もなく辞めていく社員に対し独立後のことまで心にかけていただける人間の大きさ、配慮に、私は感謝すると共に小躍りして喜んだ（著書）」。

当時日本の会計事務所の仕事は殆んどが税務処理で終っている。アメリカの基本はMAS（マネージメント・アドバイザリー・サービス）つまりビジネスサポートや経営助言、バックアップを行うことで、視察中の見聞、情報収集、加えて日本語の通じる現地会計事務所経営者や指導層の仕組み、解説を聞いて日本に帰ってからの自身の目的、方針が徐々に型を成し、進むべき道が明確になっていった。曰く「中小零細企業経営のお役に立てる会計事務所を設立しよう」。

日本の企業数は386万社、中小企業は99・7％を占め従業員数も約70％、3217万人（15

年中小企業白書)。細長い日本列島の気候風土、地域差による人情、気質《かたぎ》は経営にも独自のスタイル、運営方法を形成、コンサルタントの一言、ヒントが方針を決める引きがねになることも多いのでは。とすれば、高井さんが渡米中に得た原理原則、会計事務所取組みの青写真は、振り返って今日《こんにち》ある日本経済健全化に多くのインパクトを与えたことになる。

「国による画一的な手法や縦割り的な支援ではなく、各地域の実態に合った施策を(まち・ひと・しごと創生本部)とあり、それぞれに合った服を着るということだ」と丹羽宇一郎さん(元伊藤忠商事社長)はかつて政府の地方分権改革推進委員長時代の実績を踏まえ新聞紙上コラム(毎日新聞15年7月23日)で述べているが、この指摘はそのまま「所長の掟5つの行政原則(※2)であり、高井理論「経営手法の商品化」となる。

16年9月、高井さんは会長職に就く。「週8日ぐらい働いていた私の時間(!)を、会長になったら5年くらいかけて一日ずつ減らしていき、後藤静一氏より教えていただいた生き方、思想を引継ぎ、奨励金制度を設けるなどして社会性ある人生を送りたいと思う(一期一会15年1月号)」。一日ずつ減らしていくことは中身を濃くしていくとも解釈できる。

一千万円持って旅に出た。はじめは無駄づかいがあったが残るところ一万円くらいになり、十円貨を二つに割ってでも使いたい心境になるに違いない、「西郷隆盛」「天と地と」の海音寺潮五郎が「日、西山に傾く、あとがき」で叙述している。高井さんは時間づかいの名手といえる（編集委員重田）。

※1　青年盧生が邯鄲の茶屋で仙人から枕を借り眠る。富を築き、美女を妻とし、皇帝となる。ふと目を覚ますと茶屋の主人が炊いていた飯さえ出来上っていない。短い人生、栄華を求めることの儚さへの教訓。

※2　一、経営計画からスタートする　二、経営をシステム化する　三、試験研究費に売上の1割を使う　四、目標を達成しきる風土をつくる　五、経営手法を「商品化」する